W X P 全能办公高手速成

Word/Excel/PPT
办公应用
从入门到精通

刘建华◎编著

吉林出版集团股份有限公司
全国百佳图书出版单位

图书在版编目（CIP）数据

全能办公高手速成 . Word/Excel/PPT 办公应用从入门

到精通 / 刘建华编著 . —— 长春 : 吉林出版集团股份有限公司 , 2021.1

ISBN 978-7-5581-9599-0

Ⅰ . ①全… Ⅱ . ①刘… Ⅲ . ①办公自动化 – 应用软件

Ⅳ . ① TP317.1

中国版本图书馆 CIP 数据核字 (2020) 第 269898 号

前言

随着现代化办公的发展和普及，应用于各领域的工作软件被开发出来，并得到广泛运用。随着这些软件的不断升级与更新，其操作更为简单、易学。相较之下，很多人对 Windows 自带的系统软件就不是很感兴趣了。

实际上，不论从事什么行业，都不可能完全避开 Microsoft Office 软件，尽管很多人认为 Microsoft Office 的操作都是最基础、最基本的，不需要特意学习。实际上，并不是每个人都能够让这个软件物尽其用。提起 Microsoft Office，人们首先想到的往往就是 Word，而 Word 对大多数人来说，仅仅是文字输入工具。

其实，Microsoft Office 是一款功能强大的软件，只是人们还没有深入了解它的功能。阅读完本书后，你会发现，工作中很多烦冗、复杂或麻烦的事情，都可以通过 Microsoft Office 来处理，它让工作变得更加轻松、高效。

Microsoft Office 是一套办公软件，包括 Word、Excel、Publisher、PowerPoint、Access、Outlook、OneNote 等。每个组件都针对不同部分的内容操作，经常用的有 Word、Excel、PowerPoint。因此，本书筛选出这三个常用的组件，具体介绍其操作方法，系统地教你使用。

Word 不仅仅是一款文字输入组件，同时具有强大的编辑排版功能。即便你是零基础的职场新人，也完全不用担心，本书会用最浅显的语言说明，做最细致的分析与讲解。

Excel 是让很多人头疼的一个组件，它包含很多数据处理方法以及函数。实际上，只要结合实际学习，就会发现它具有不可替代的强大数据处理分析功能。那些让人头大的函数，以后成为工作中的一大助力。本书采取图片与内容相结合的方式，能够让你对操作方法及其具体功用产生视觉记忆，大大提升学习效果。

1

PowerPoint 组件则多用于方案展示。无论从事什么类别、行业的工作，掌握 Microsoft Office 都要成为必备的技能。相对来说，Word 最为浅显易懂；Excel 则因包含数据分析，相对难一些、晦涩一些；PowerPoint 作为设计类组件，难度会又高一级。

本书将三个组件按照难易度进行循序渐进的分类讲解，为零基础职场新人提供最实用的内容，使其尽快入门，掌握 Microsoft Office，驰骋职场。

目录

第二章 文档审阅与处理

第三章 文档排版与设计

第二篇　高效制表神器——Excel

第七章　Excel 工作簿及工作表

第八章　工作表的插入操作

第三篇 高效演示盛宴—PowerPoint

第十一章 PPT制作幻灯片的基本操作

第十二章 PPT图文排版

第一篇 Word 应用

　　Word是Microsoft Office中最主要的程序之一，也是目前世界上应用最广泛的文字处理文件。Word主要用于文档处理，它可以对文档进行编辑、美化、排版及审阅等工作。

第一章

Word 文档编辑

现代办公，我们几乎每天都要用到 Word 文档的编辑。快速熟练地编辑文档，会大大提高工作效率，让自己的工作变得更加轻松。下面就开始介绍创建文档、编辑文档、保存文档、关闭文档的技巧以及注意事项。

1.1 Word 基本操作

开始使用 Word 2019 时，需要先掌握 Word 文档的一些基本操作，如创建空白文档以及打开、保存和关闭文档等。

1.1.1 创建文档

在 Word 2019 中，创建新文档可采用多种方法。本节将图文详解 Word 2019 中新建文档的几种常用操作方法，具体如下。

1. 传统程序打开

在桌面点击"开始"菜单，找到 Word 图标打开 Word 程序。

图 1-1　单击"开始"菜单

在 Word 文档中选择左上角的"文件"。

图 1-2　选择"文件"

在左侧列表中找到"新建"选项，在右侧的新建菜单中，单击"空白文档"选项，即可创建新的空白文档。

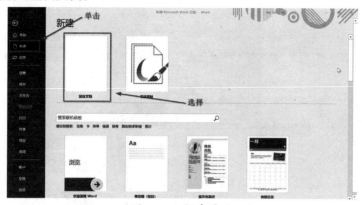

图 1-3　新建界面

Word 2019 中新建的空白文档，默认的文件名为"文档 1"。

2. 鼠标右键新建

在桌面空白处单击鼠标右键，即可弹出一个快捷菜单。选择"新建"选项，然后在下级菜单中选择"Microsoft　Word 文档"，即可创建一个空白文档。

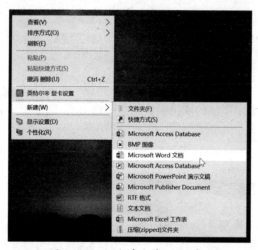

图 1-4　右键单击桌面新建文档

3. 自带模板创建

创建 Word 新文档时，可使用 Word 2019 自带的模板。这些模板包含固定格式设置和版式设置，创建后用户只需在此基础上修改即可。

使用自带模板新建 Word 文档的具体操作步骤如下。

在 Word 文档中选择"文件"选项，在左侧列表中选择"新建"选项。在右侧的新建菜单中,除了"空白文档"选项外,下方选项均为软件自带的模板。

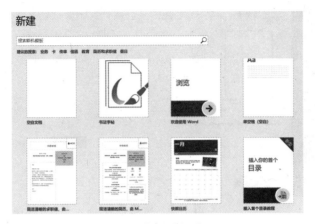

图 1-5　选择模板界面

　　如果要创建一份简历,可以直接滑动鼠标滚轮,或者在新建文本框下的选项中选择简历和求职信。

图 1-6　选择关键词

这样一来,简历和求职信的联机模板就会筛选出来,选择想要的模板点击即可。

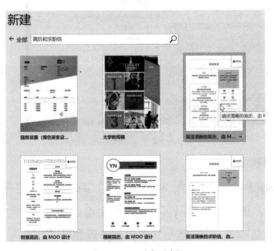

图 1-7　联机模板

在弹出的详情窗口中，点击创建即可，运用左右的三角按钮可以浏览其他模板。

图 1-8　模板预览界面

点击后，需要几秒钟从互联网上下载模板，之后就新建成功了，到时只需将内容填入模板即可，非常简单方便。

图 1-9　创建模板效果

4. 手动新建样式

如果 Word 自带模板不能满足需求，还可以手动新建样式。打开"开始"菜单栏，找到样式菜单栏，调出下拉选项菜单，点击创建样式。

图 1-10　打开创建样式

在弹出的根据格式化创建新样式对话框中，点击修改。

图 1-11　输入样式名称

在弹出的根据格式化创建新样式对话框中有很多选项，可对新建样式进行命名，之后在格式选项中对字的格式、颜色、字体以及大小等修改。在示例文本框中，进行的设定会形成预览，如果需要更多的设定，点击左下角的格式下拉菜单，选择想要修改的部分重新设定，会弹出对应的对话框。全部完成后，单击确定，即可完成样式创建。

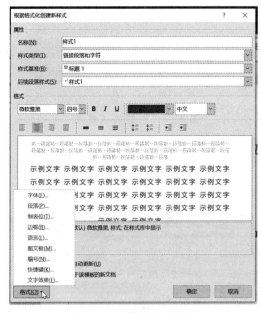

图 1-12　样式设定界面

1.1.2 打开文档

对于初学 Word 软件者来说，要想查看或编辑 Word 文件，首先要学会打开文件。那么，如何打开已有的 Word 文件呢？

方法一：

点击 Word 程序图标，弹出下图中的程序界面，红框中是最近打开过的文档。如果要选择的文档在其中，直接点击对应的文档就可以了。

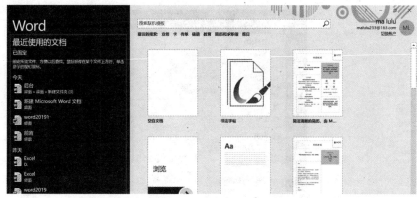

图 1-13　选择打开文档

如果都不是，点击左下角的打开其他文档选项，会出现下图中的界面，点击浏览。

图 1-14　最近打开文档界面

在弹出的"打开"对话框中，点击此电脑，选择文件所在的文件夹，点击选择后，再左键单击打开。

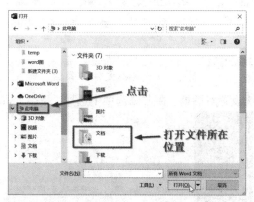

图 1-15　找到文件存放位置

方法二：

选中要打开的 Word 文档，点击鼠标右键，直接点击"打开"，即可打开。

图 1-16　右键单击打开

方法三：

选中要打开的文档，双击鼠标，即可自动调用 Word 2019 软件并打开文档。

1.1.3 保存文档

经过编辑的文档，只是暂时保存在内存中。为了防止内容可能丢失，需要对文档进行保存操作，将其保存到硬盘或 U 盘等存储设备中。

在 Word 2019 中，有多种保存 Word 文档的方式。

1. 快速保存

在 Word 文档窗口中，单击"文件"。

图 1-17　单击文件工具栏

打开 Word 系统设置对话框，在左侧选项中选择"保存"，即可完成保存操作。

图 1-18　点击保存

2. 设置自动保存

在 Word 文档窗口中，单击"文件"，弹出"Word 选项"对话框，在左边菜单列表中选择"选项"按钮。

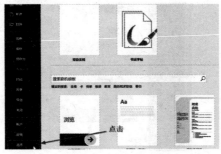

图 1-19　点击选项

点击左侧菜单列表中的"保存"，在弹出的对话框中，可以看到设置自动保存时间、默认保存位置等操作界面。一般来说，系统默认的自动保存间隔时间为 10 分钟，可根据需要适当将时间缩短为 5 分钟、3 分钟等。

图 1-20　设定自动保存时间

设置好自动保存间隔时间后，点击左侧菜单列表中的"高级"，找到"保存"，选中"允许后台保存"复选框，Word 将使用后台方式保存文档。

图 1-21　勾选允许后台保存

3. 另存为

如果要把文档保存到指定位置，点击文件工具栏，在弹出的界面中点击"另存为"选项，在右侧的界面中单击"浏览"。

图 1-22　点击另存为选项

在弹出的"另存为"对话框中，点击此电脑，选择文件要保存的位置。在"文件名"后的文本框中输入文件名称，在"保存类型"中选择"Word 文档"，单击"保存"即可。

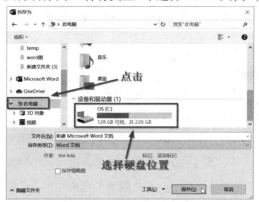

图 1-23　选择保存位置

1.1.4 关闭文档

完成文档内容的编辑后，关闭文档时可以采用以下方法。

方法一：直接关闭

左键单击文档右上角的"关闭"按钮，即可关闭当前文档。

图 1-24　关闭文档

方法二：使用"关闭"命令

点击"文件"工具栏，在下拉菜单中单击"关闭"命令。

图 1-25　在文件界面关闭文档

右击标题栏的任意位置，即可弹出快捷菜单，单击"关闭"命令。

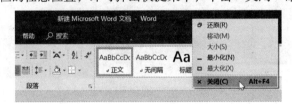

图 1-26　单击右键后点击关闭

方法三：使用快捷键关闭

关闭 Word 文档时，按快捷键"Ctrl+W"或"Ctrl+F4"，即可实现关闭操作。如果文档在关闭之前未被保存过，此时将弹出一个提示框，如图所示。

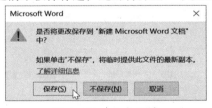

图 1-27　点击保存

单击"保存"按钮，将当前文档保存后，再关闭。单击"不保存"按钮，文档直接关闭，不会保存。单击"取消"按钮，关闭操作将撤销，返回文档窗口。

1.2 输入文本

在任何文档中，文本内容都是不可或缺的。新建 Word 文档之后，需要在文档中输入文本内容，再进行相应的编辑操作。文本涉及中文、英文、日期、时间、符号和特殊符号等内容。那么，如何输入这些文本呢？

1.2.1 文本的输入

打开 Word 文档，按下 Ctrl+Shift 组合键，切换所需的输入法。或者单击屏幕右下角输入法工具栏，在弹出的列表中选择所需的输入法。

图 1-28　选择输入法

在文档中，鼠标所在位置有一个闪烁的垂直光标。光标定位后，输入需要的文本内容。输入过程中，光标会不断向右移动。当文本到达一行的最右端时，输入的文本自动跳转到下一行。

未输入完一行时，如想在下一行输入文本，直接按回车键"Enter"，即可实现换行，同时产生一个段落标记，即竖左向的箭头。

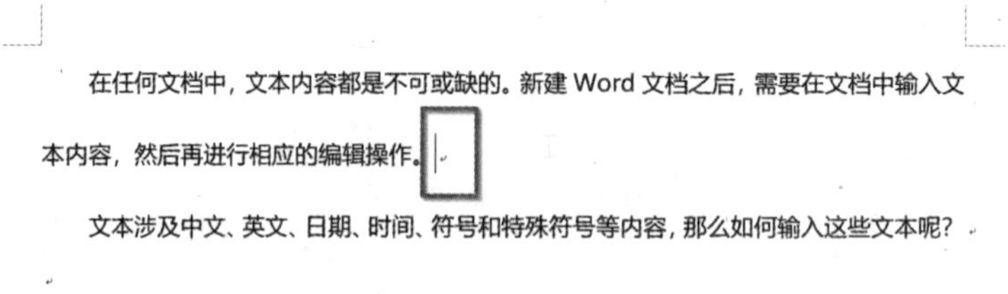

在任何文档中，文本内容都是不可或缺的。新建 Word 文档之后，需要在文档中输入文本内容，然后再进行相应的编辑操作。

文本涉及中文、英文、日期、时间、符号和特殊符号等内容，那么如何输入这些文本呢？

图 1-29　定位光标

1.2.2 中英文切换

Windows 默认的语言为英语，输入文本有时为中文，有时为英文，必须根据需要进行中英文输入法的切换。反复切换输入法不太方便，此时直接点击"Shift"键即可。

以电脑自带的微软输入法为例，在英文输入法的状态下，语言栏显示为英文键盘图标。

图 1-30 英文输入法

如需输入中文，点击"Shift"键，语言栏变为中文键盘图标输入法，即可输入中文。

图 1-31 中文输入法

1.2.3 符号的输入

编辑文档过程中，经常需要输入一些符号，如数字序号、拼音符号等。此时，可将光标定位到要输入符号的位置，打开插入工具栏，找到符号选项，点击下拉菜单，可以选择需要的符号。

图 1-32 插入符号

如果没有找到所需符号，就在下拉菜单中选择其他符号选项，可在弹出的"符号"对话框中，单击"字体"或是"子集"下拉按钮，从展开的列表中选择需要的符号，在展示框中选择相应符号，点击插入，即可将该符号插至文档。

图 1-33 符号界面

插入过的符号会出现在近期使用过的符号选项中。如果下次还需要插入相同的符号，直接在近期使用过的符号中寻找即可，直接选择，点击插入即可。

1.2.4 数字的输入

对于普通数字，如1、2、3······输入时只要按键盘上的数字键，直接输入即可。

如果需要输入大写的数字，比起拼音输入还有更快捷的办法，直接在插入工具栏中找到编号选项，点击。

图 1-34　插入编号

在弹出的对话框中选择大写的"壹，贰，叁···"这一行。

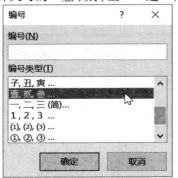

图 1-35　选择编号类型

在上方的文本框中输入需要的数字，点击确定。

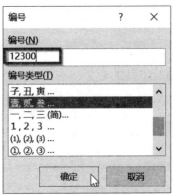

图 1-36　输入数字

最后显示的就是"壹万贰仟叁佰"。如果选择其他编号，每次只能输入单一的数字，如"子，丑，寅…"，就要输入 1~12 之间的一个数字，"甲，乙，丙…"选项只能输入 1~10 之间的一个数字。

1.2.5 输入时间和日期

文档编辑完成后，如想加上文档创建时间和日期，可采取如下步骤。

将光标定位到文档最后一行，按"Enter"键执行换行操作。单击"插入"选项，选择"日期和时间"按钮。

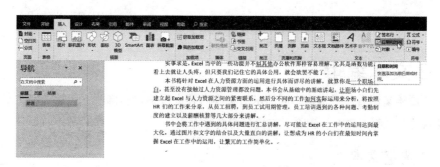

图 1-37　点击日期和时间

在弹出的"日期和时间"对话框中，单击右侧的"语言（国家 / 地区）"按钮，选择"中文（中国）"选项。在左侧的"可用格式"列表框中选择所需格式，单击"确定"按钮，即可快速完成操作。

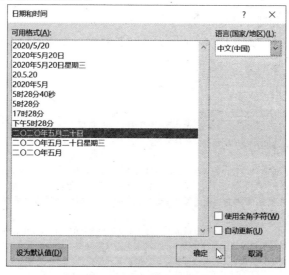

图 1-38　选择日期格式

最后，打开开始工具栏，点击右对齐选项，时间即可靠右。

图 1-39　点击右对齐格式

1.3 文本编辑

创建文档后，可根据不同需求对文本内容进行编辑和修改，包括选定文本、复制文本、剪切文本、删除、查找与替换等方式。

1.3.1 选定文本

选定文本是文本编辑的基础，对 Word 文档中的文本编辑时，需要先选定文本。只有在选定文本之后，复制、剪切、删除、替换、撤销及恢复等操作才能有效进行。

选定文本时，既可选择单个字符，也可选择整篇文档。下面介绍 Word 2019 文档中选择文本的常用方法。

方法一：鼠标拖动选定文本

将光标定位于要选定的文本前（后），按住鼠标左键向后（向前）拖动，拖动到要选定的文本末端（或首部），松开。

此时，选定的文本以阴影的形式显示。

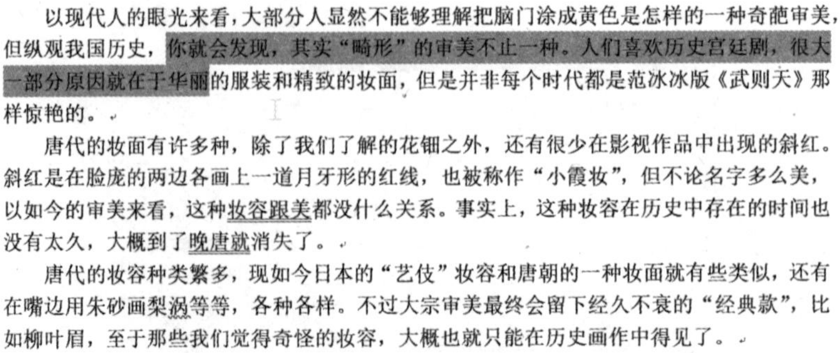

以现代人的眼光来看，大部分人显然不能够理解把脑门涂成黄色是怎样的一种奇葩审美，但纵观我国历史，你就会发现，其实"畸形"的审美不止一种。人们喜欢历史宫廷剧，很大一部分原因就在于华丽的服装和精致的妆面，但是并非每个时代都是范冰冰版《武则天》那样惊艳的。

唐代的妆面有许多种，除了我们了解的花钿之外，还有很少在影视作品中出现的斜红。斜红是在脸庞的两边各画上一道月牙形的红线，也被称作"小霞妆"，但不论名字多么美，以如今的审美来看，这种妆容跟美都没什么关系。事实上，这种妆容在历史中存在的时间也没有太久，大概到了晚唐就消失了。

唐代的妆容种类繁多，现如今日本的"艺伎"妆容和唐朝的一种妆面就有些类似，还有在嘴边用朱砂画梨涡等等，各种各样。不过大宗审美最终会留下经久不衰的"经典款"，比如柳叶眉，至于那些我们觉得奇怪的妆容，大概也就只能在历史画作中得见了。

图 1-40　选定文本

如需选择不连续的文本内容，首先按照前面方法选择，当选择第二部分的时候，按住 Ctrl 键的同时拖动鼠标选择即可。

方法二：利用选定栏选定文本

选定栏是页面编辑区左侧的空白区域，将光标移到选定栏内，光标会变成向右的箭头，单击鼠标左键即可选定光标所在的一行文本。

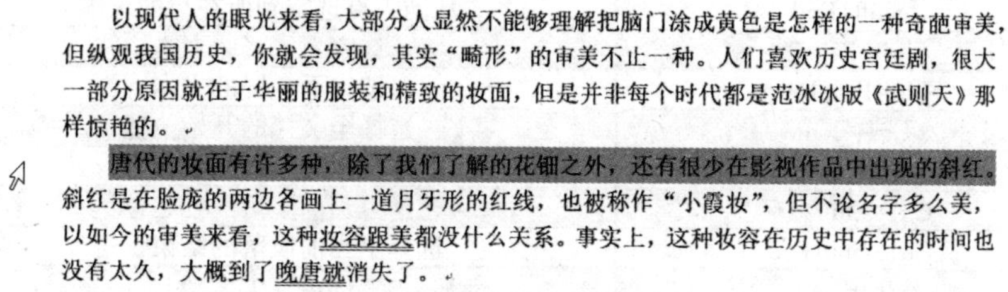

图 1-41　选定文本显示

当光标变成向右的箭头时，上下拖动鼠标，可选定若干行文本。

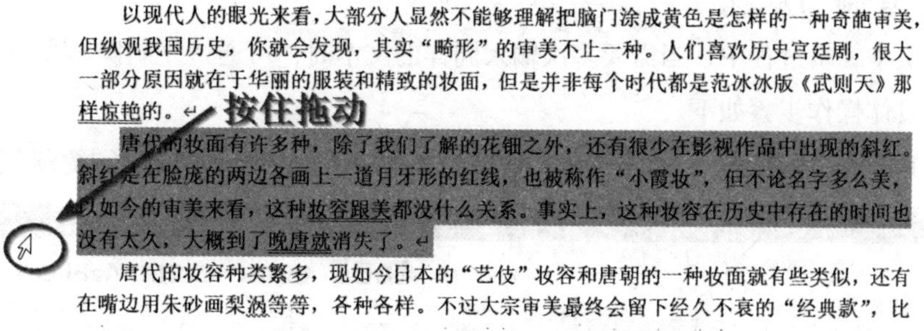

图 1-42　拖动鼠标选中文本

需要选择全部文本时，将光标移动至选定栏。当光标变成向右的箭头时，三连击鼠标，即可选择全部文本。

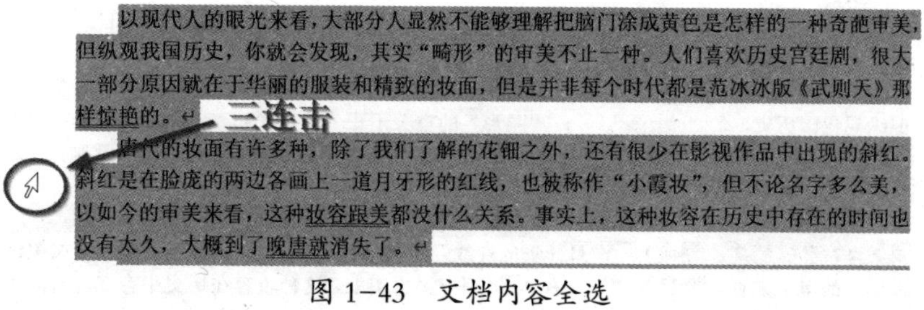

图 1-43　文档内容全选

方法三：键盘建立文本选定区

选定文本时，当内容分散或篇幅较多时，前两种方法比较费时费力，此时可使用鼠标和键盘的组合操作来完成。

表 1-1　常用组合键和功能说明	
组合键	功能说明
Shift+↑	选定上一行同一位置之间的文本
Shift+↓	选定下一行同一位置之间的文本
Shift+←	选定插入点左边的文本
Shift+→	选定插入点右边的文本
Shift+Home	从插入点选定到所在行的开端
Shift+End	从插入点选定到所在行的末端
Shift+PageUp	选定上一屏的文本
Shift+PageDown	选定下一屏的文本
Ctrl+Home	选择至文档的开始位置
Ctrl+End	选择至文档的结束位置
Ctrl+ Shift+↑	选择至当前段落的开始位置
Ctrl+ Shift+↓	选择至当前段落的结束位置
Ctrl+A	选定整个文档

1.3.2 复制与粘贴

文本编辑过程中，当需要多次输入同样的文本时，可通过复制操作实现。

具体操作步骤如下。

1.选中目标文本后，右击选中的区域，在弹出的快捷菜单中，选择"复制"选项。

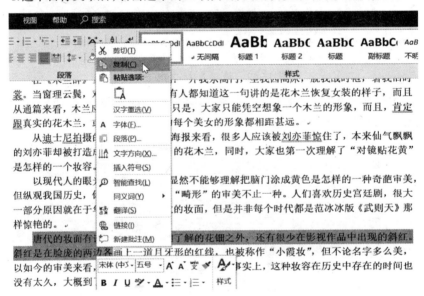

图 1-44　单击右键选择复制

2.将光标定位至要粘贴的位置，单击鼠标右键，在弹出的快捷菜单中选择"粘贴"选项。

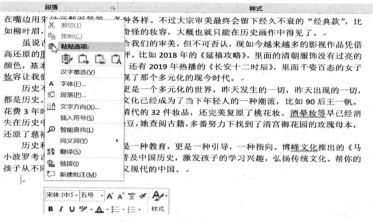

图 1-45 选择粘贴形式

Word 2019 中，粘贴时可以选择"粘贴选项"，选项包括"保留源格式""合并格式""图片""只保留文本"，可根据实际需要灵活选择。其中，"保留源格式"是按照复制的内容以及格式完全保留；"合并格式"是以粘贴位置的格式为依准；"图片"是以图片的形式粘贴；"只保留文本"则是去掉表格等一切原有格式进行粘贴。

图 1-46 粘贴选项菜单

进行复制与粘贴操作时，还可使用快捷键。

复制：Ctrl+C

粘贴：Ctrl+V

按 Ctrl+C 组合键进行复制，再按 Ctrl+ V 组合键进行粘贴。

1.3.3 剪切文本

编辑文档的过程中，如需将文本内容从一个位置移动到另一个位置，可通过剪切、粘贴来完成。

具体操作步骤如下。

1.选中需要剪切的文本，右击选中区域，在弹出的快捷菜单中选择"剪切"选项，此时所选文本将被剪切，剪切内容被放入剪切板。

斜红是在脸庞的两边各□□□□□□□□作"小霞妆"，但不论名字多么美，以如今的审美来看，这种□□□□□□□□□，这种妆容在历史中存在的时间也没有太久，大概到了晚唐□□□

唐代的妆容种类繁□□□□□□□"艺伎"妆容和唐朝的一种妆面就有些类似，还有在嘴边用朱砂画梨涡等□□□□□过大宗审美最终会留下经久不衰的"经典款"，比如柳叶眉，至于那些我□□□□□，大概也就只能在历史画作中得见了。

虽说古代的一些妆□□□□□□美，但不可否认，现如今越来越多的影视作品凭借高还原的服化道得到了□□□018年的《延禧攻略》，里面的清朝服饰没有过亮的颜色，基本还原了清朝的□□□年热播的《长安十二时辰》，里面千姿百态的女子妆容让我们仿佛置身盛□□□元化的现今时代。

历史不仅仅是一个□□□□元化的世界，昨天发生的一切，昨天出现的一切，都是历史。而且追寻中□□□□□为了当下年轻人的一种潮流，比如90后王一帆，花费3年时间复原了从□□□□件妆品，还完美复原了桃花妆、酒晕妆等早已经消失在历史中的妆面，为了□□古籍，多番努力下找到了清宫御花园的玫瑰母本，还原了慈禧身上的味道。

历史和文化的传承□□□□□，更是一种引导，一种指向。博峰文化推出的《马小波罗考古大冒险》系□□□□□史，激发孩子的学习兴趣，弘扬传统文化。帮你的

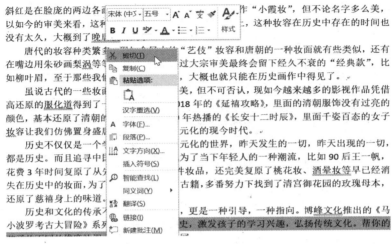

图 1-47　剪切选中文本

2. 在要移动到的位置上单击鼠标右键，重复复制后粘贴的步骤进行粘贴，或者单击"开始"，选择"剪贴板"按钮，在打开的"剪贴板"窗格中即可看到剪切的相关内容，选择相应的方式粘贴。

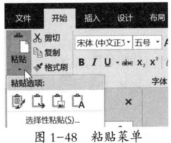

图 1-48　粘贴菜单

3. 使用粘贴功能，在合适的位置粘贴即可。

进行剪切操作时，还可以使用快捷键。

剪切：Ctrl+X

粘贴：Ctrl+V

按 Ctrl+ X 组合键进行剪切，再按 Ctrl+ V 组合键进行粘贴。

1.3.4 撤销与恢复

Word 2019 文档中，出现错误操作时，可通过"撤销"功能撤销前一操作，从而恢复到错误操作之前的状态。

以一段文字为例，在文档中调错了格式，整个段落标红。当然，可以选择这一段落重新设置格式，但更简单的办法是撤销，无须选取段落，直接点击快速访

问工具栏中的"撤销"按钮即可。

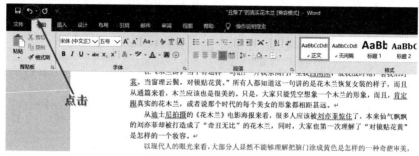

图 1-49　撤销操作

点击撤销后，标红的字段恢复到操作前，也就是标红这一步操作成功撤销了。

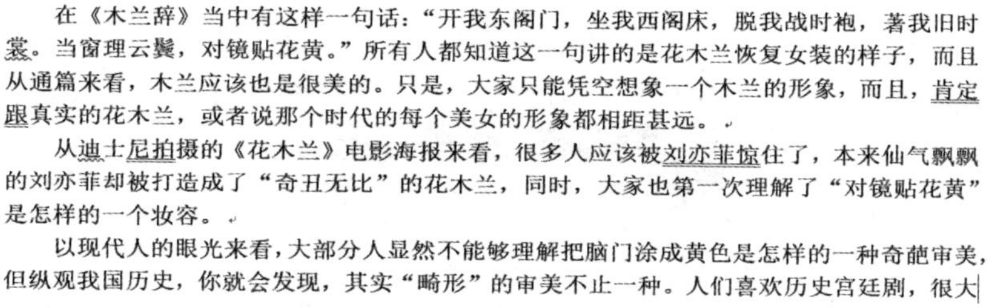

　　在《木兰辞》当中有这样一句话："开我东阁门，坐我西阁床，脱我战时袍，著我旧时裳。当窗理云鬓，对镜贴花黄。"所有人都知道这一句讲的是花木兰恢复女装的样子，而且从通篇来看，木兰应该也是很美的。只是，大家只能凭空想象一个木兰的形象，而且，肯定跟真实的花木兰，或者说那个时代的每个美女的形象都相距甚远。

　　从迪士尼拍摄的《花木兰》电影海报来看，很多人应该被刘亦菲惊住了，本来仙气飘飘的刘亦菲却被打造成了"奇丑无比"的花木兰，同时，大家也第一次理解了"对镜贴花黄"是怎样的一个妆容。

　　以现代人的眼光来看，大部分人显然不能够理解把脑门涂成黄色是怎样的一种奇葩审美，但纵观我国历史，你就会发现，其实"畸形"的审美不止一种。人们喜欢历史宫廷剧，很大

图 1-50　撤销后效果

　　如果想要撤销好几步操作，可以点击撤销按钮右侧的小三角调出下拉菜单，里面是进行的几步操作，通过选择，直接撤销掉前几步的操作。

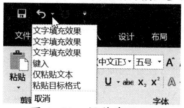

图 1-51　操作步骤显示

　　当错误地撤销了某些文本时，要使文档恢复到撤销操作前的状态，可利用 Word 提供的"恢复"功能来执行。

　　单击快速访问工具栏中的"恢复"按钮。

图 1-52　恢复操作

刚刚撤销的操作即可恢复。

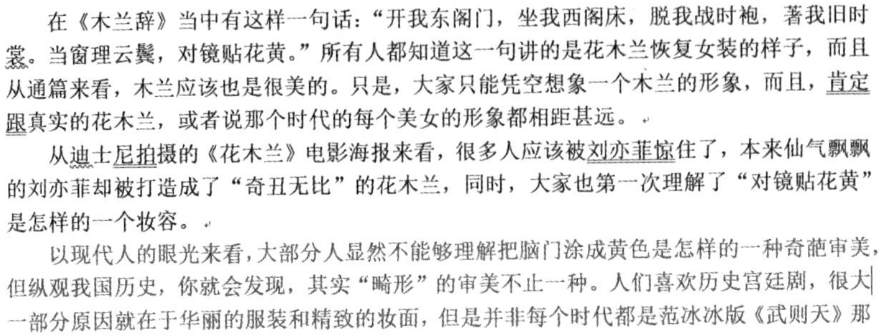

在《木兰辞》当中有这样一句话："开我东阁门，坐我西阁床，脱我战时袍，著我旧时裳。当窗理云鬓，对镜贴花黄。"所有人都知道这一句讲的是花木兰恢复女装的样子，而且从通篇来看，木兰应该也是很美的。只是，大家只能凭空想象一个木兰的形象，而且，<u>肯定跟真实的花木兰</u>，或者说那个时代的每个美女的形象都相距甚远。

从<u>迪士尼拍</u>摄的《花木兰》电影海报来看，很多人应该被<u>刘亦菲惊</u>住了，本来仙气飘飘的刘亦菲却被打造成了"奇丑无比"的花木兰，同时，大家也第一次理解了"对镜贴花黄"是怎样的一个妆容。

以现代人的眼光来看，大部分人显然不能够理解把脑门涂成黄色是怎样的一种奇葩审美，但纵观我国历史，你就会发现，其实"畸形"的审美不止一种。人们喜欢历史宫廷剧，很大一部分原因就在于华丽的服装和精致的妆面，但是并非每个时代都是范冰冰版《武则天》那

图 1-53　恢复后效果

如果在快速访问工具栏中没有找到撤销与恢复按钮，可以点击快速访问栏中的小三角按钮，在下拉菜单中勾选"撤销"以及"恢复"操作，它们就会出现在快速访问栏中。当然，也可添加其他操作快捷键到快速访问栏，勾选即可。

图 1-54　添加撤销和恢复至快速访问栏

进行撤销与恢复时，还可使用快捷键。

撤销：Ctrl+ Z

恢复：Ctrl+ Y

按 Ctrl+Z 组合键撤销，按 Ctrl+ Y 组合键恢复。

1.3.5 文本的查找

使用 Word 2019 时，想要快速查找某一文档或文本，应该如何操作呢？这就要用到查找功能。通过查找功能，可以快速定位到文档中相应的位置，这在较大的文档内查找文本非常实用。

1. 查找指定文本

打开 Word 文档的视图工具栏，勾选导航窗格，在左侧的文本框中输入需要查找的内容。

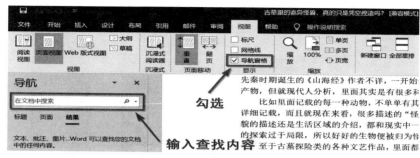

图 1-55　打开导航窗格输入查找内容

或者点击查找快捷键 "Ctrl+ F"，光标会自动移到左侧导航中的文本框，直接输入需要查找的内容，按回车键，文档中所有的关键词都会被标注出来。左侧导航窗格中会显示其数量以及所在的位置，通过文本框下的小箭头可以点击查看上一处或下一处的位置。

图 1-56　查找结果

2. 精确查找文本

如需精确查找，点击查找文本框右侧的下拉菜单按钮，点击"高级查找"选项。

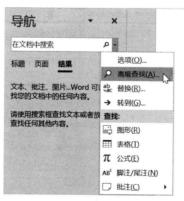

图 1-57　点击高级查找选项

在弹出的查找和替换对话框中找到"更多"，点击。

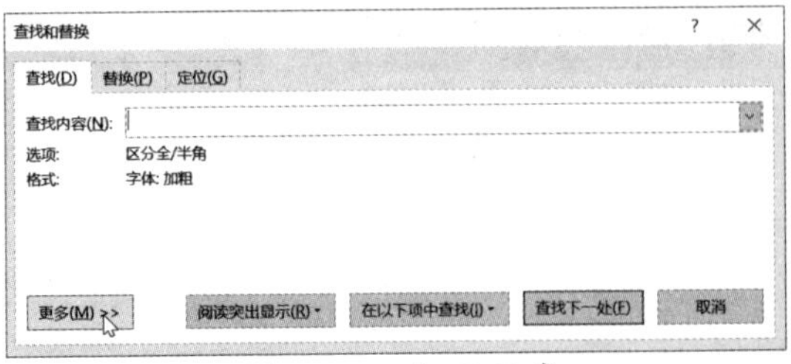

图 1-58　打开更多

如果需要查找的有具体格式，比如古墓一词是加粗的，就点击格式下拉菜单，选择字体。

图 1-59　设置字体

在查找字体对话框的字形文本框中选择加粗，点击"确定"。

图 1-60　设定查找字体格式

这时搜索的古墓一词只有加粗形式的，会被选择出来。

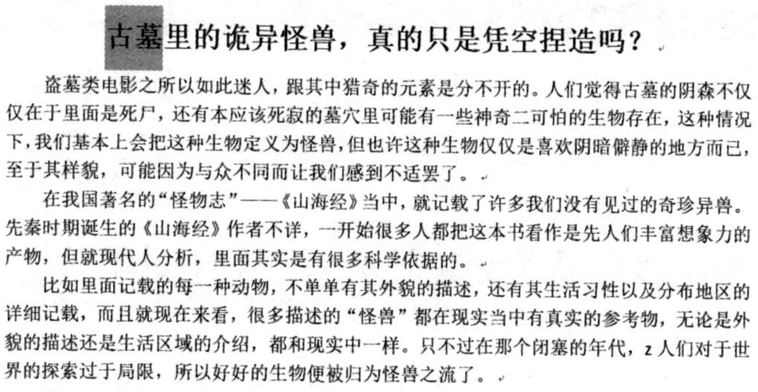

古墓里的诡异怪兽，真的只是凭空捏造吗？

盗墓类电影之所以如此迷人，跟其中猎奇的元素是分不开的。人们觉得古墓的阴森不仅仅在于里面是死尸，还有本应该死寂的墓穴里可能有一些神奇二可怕的生物存在，这种情况下，我们基本上会把这种生物定义为怪兽，但也许这种生物仅仅是喜欢阴暗僻静的地方而已，至于其样貌，可能因为与众不同而让我们感到不适罢了。

在我国著名的"怪物志"——《山海经》当中，就记载了许多我们没有见过的奇珍异兽。先秦时期诞生的《山海经》作者不详，一开始很多人都把这本书看作是先人们丰富想象力的产物，但就现代人分析，里面其实是有很多科学依据的。

比如里面记载的每一种动物，不单单有其外貌的描述，还有其生活习性以及分布地区的详细记载，而且就现在来看，很多描述的"怪兽"都在现实当中有真实的参考物，无论是外貌的描述还是生活区域的介绍，都和现实中一样。只不过在那个闭塞的年代，z 人们对于世界的探索过于局限，所以好好的生物便被归为怪兽之流了。

图 1-61　最终查找结果

3.使用通配符查找

Word 2019 不但支持中英文、数字等查找，还支持使用"*""?""[]""@"等通配符的查询操作。

使用通配符查找时，打开查找和替换对话框，勾选"使用通配符"一项开启查找功能。

图 1-62 勾选使用通配符

关于通配符的用法，这里罗列了一张表。

表 1-2 通配符用法

字符代码	含义	例子
?	任意单个字符	输入"? 快递"可以查找到"圆通快递""顺丰快递""韵达快递"等字符
*	任意多个字符	输入"* 快递"可以查找到"圆通快递""顺丰快递""韵达快递"等字符
@	一个以上的前一字符	输入"cho@se"，可以查找到"chose""choose"等字符
[]	指定字符之一	输入"[通]快递"可以查找到"中通快递""申通快递""圆通快递"等字符
{n}	指定前一字符的个数	输入"cho{1}se"，可以查找到"chose"；输入"cho{2}se"，可以查找到"choose"
<	指定起始字符	输入"na"，可以查找到"nadir""nail""name"等字符
>	指定结尾字符	输入"ve"，可以查找到"cave""give""love"等字符
[x-x]	指定包含的字符范围	输入"[f-g]og"，可以查找到"fog""dog""tog""nog"字符
^13	段落标记	输入"^13"，可以查找到段落标记
^t	制表符	输入"^t"，可以查找到制表符
^m	分节符和分页符	输入"^m"，可以查找到分节符和分页符
^i	省略号	输入"^i"，可以查找到省略号
^j	全角省略号	输入"^j"，可以查找到全角省略号

1.3.6 文本的替换

Word 2019 的替换功能非常强大，可以快速更改查找到的文本或者批量修改相同的内容，省心又省力。

打开 Word 文档，打开导航窗格，在右侧下拉菜单中点击"替换"选项，或者点击替换快捷键"Ctrl+H"。

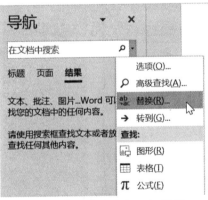

图 1-63 右键单击下拉菜单

弹出"查找和替换"对话框后，在文本框中输入想要替换的文本。例如，在"查找内容"文本框中输入"古墓"，在"替换为"文本框中输入"古代墓葬"。如只想改变一处或几处，需要提前选定相关文本。在"查找和替换"对话框中，单击"替换"按钮，所选文本内的"古墓"，将替换为"古代墓葬"。如果要将整个文档中的"古墓"都替换为"古代墓葬"，则在"查找和替换"对话框中单击"全部替换"按钮，点击"确定"。

图 1-64 替换对话框

此时，文本中的所有"古墓"，将替换为"古代墓葬"。

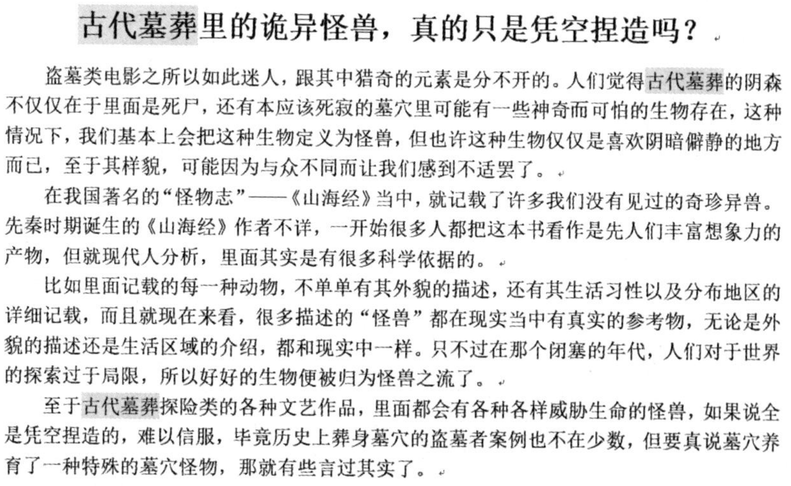

古代墓葬里的诡异怪兽，真的只是凭空捏造吗？

盗墓类电影之所以如此迷人，跟其中猎奇的元素是分不开的。人们觉得古代墓葬的阴森不仅仅在于里面是死尸，还有本应该死寂的墓穴里可能有一些神奇而可怕的生物存在，这种情况下，我们基本上会把这种生物定义为怪兽，但也许这种生物仅仅是喜欢阴暗僻静的地方而已，至于其样貌，可能因为与众不同而让我们感到不适罢了。

在我国著名的"怪物志"——《山海经》当中，就记载了许多我们没有见过的奇珍异兽。先秦时期诞生的《山海经》作者不详，一开始很多人都把这本书看作是先人们丰富想象力的产物，但就现代人分析，里面其实是有很多科学依据的。

比如里面记载的每一种动物，不单单有其外貌的描述，还有其生活习性以及分布地区的详细记载，而且就现在来看，很多描述的"怪兽"都在现实当中有真实的参考物，无论是外貌的描述还是生活区域的介绍，都和现实中一样。只不过在那个闭塞的年代，人们对于世界的探索过于局限，所以好好的生物便被归为怪兽之流了。

至于古代墓葬探险类的各种文艺作品，里面都会有各种各样威胁生命的怪兽，如果说全是凭空捏造的，难以信服，毕竟历史上葬身墓穴的盗墓者案例也不在少数，但要真说墓穴养育了一种特殊的墓穴怪物，那就有些言过其实了。

图 1-65 替换结果

1.3.7 文本的删除

要想删除文档中不需要的文本，可以采用以下方法。

方法一：

在需要删除的位置点击，此时光标的所在位置就是删除的起始位置。

点击键盘上的"Backspace"键，每点击一下，就会删除前方一个文字。

方法二：

把光标定位到要删除的文本前，按住鼠标左键拖动至结束位置，刷黑的文本即为要删除的文本。

点击"Delete"键或者"Backspace"键，该段文字即可被删除。

以上方法适用于连续删除。如果要删除的区域是非连续的，则可按住"Ctrl"键，用鼠标左键选择要删除的区域。

全部内容选择完毕，再放"Ctrl"键，点击"Delete"键或者"Backspace"键，所选文字即可被删除。

第二章
文档审阅与处理

Word 文档（尤其是篇幅较长的文档）撰写完成以后，为了纠正行文中的逻辑谬误、思维条理的混乱、字词句段及语法上的谬误，必须对文档进行审阅与处理。下面就开始介绍文档审阅与处理的技巧及注意事项。

2.1 查阅文档

通常，查阅文档时可能需要编辑，或者仅仅是阅读。Word中提供的不同视图模式为用户提供了更多的选择，根据自己的阅读习惯，可以选择不同种类的视图模式，提高办公效率。

2.1.1 使用视图审阅

Word提供了页面、阅读、Web版式、大纲和草稿五种视图形式。这些都是为了方便用户阅读浏览文档设置的，各具特色，各有千秋，分别适用于不同的情况。

点击菜单栏中的"视图"，有五种视图的按钮。

1. 页面视图

选择"页面视图"选项，文档切换为页面视图。在"页面视图"模式下，整个页面的分布状况、完整的文字格式都会显示出来，非常适合用于文字的编辑阶段。通常，打开的文档默认的就是页面视图。

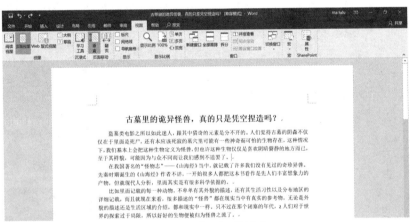

图2-1　页面视图模式

2. 阅读视图

选择"阅读视图"选项，文档切换为阅读视图。阅读视图以图书样式显示Word文档，是一种为了方便阅读浏览文档而设计的，提供了优良的阅读体验。不过，这个模式不支持编辑。

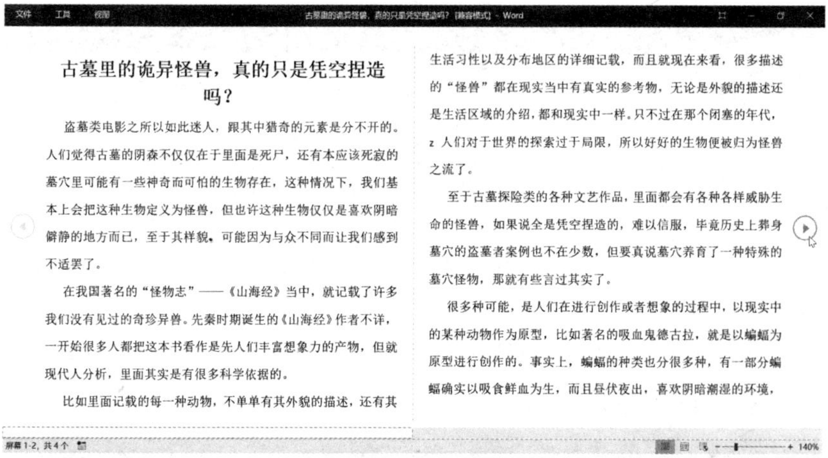

图 2-2　阅读视图模式

阅读视图中，单击"工具"按钮，可以选择各种阅读工具。

图 2-3　阅读模式下工具菜单

想要退出此模式，点击视图，选择编辑文档即可回到页面视图。

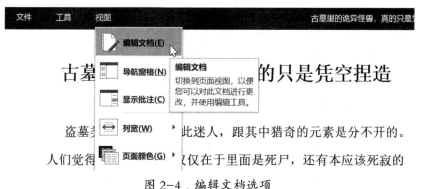

图 2-4　编辑文档选项

3.Web 版式

选择"Web 版式视图"选项，文档切换为 Web 版式。在 Web 版式下，Word 文档以网页的形式显示，适用于发送电子邮件和创建网页。

图 2-5　Web 视图

4. 大纲视图

大纲视图适用于具有多重标题的文档，可以通过标题显示文档的层级结构，广泛用于长文档的快速浏览和修改。

图 2-6 大纲视图

5. 草稿视图

草稿视图是 Word 中仅显示标题和正文的视图方式，响应速度快，能够快速显示文档，减少等待时间，提高办公效率。在这个模式下，如果文档中有图片，这里是不会显示的。

图 2-7　草稿视图模式

2.1.2 "翻页" 查看

Word 2019 提供了"翻页"功能。在该阅读模式下，Word 文档可以像纸质图书一样左右翻页，大大提高了阅读效率。

开启"翻页"模式的具体操作步骤如下。

打开"视图"工具栏，选择"页面移动"选项中的"翻页"按钮。

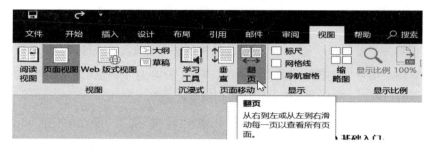

图 2-8　左右翻页选项

文档进入"翻页"阅读模式，此时上下滚动鼠标滑轮，即可实现文档的快速翻页。

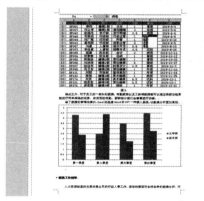

图 2-9　翻页效果

在"翻页"阅读模式下，文档下面的滚动条两边会出现小三角按钮，点击左侧的三角形可向上翻页，点击右侧的三角形可向下翻页。

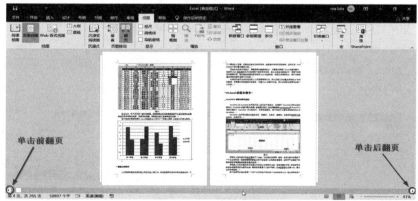

图 2-10　翻页按钮

此时还可使用快捷键，点击"Ctrl+Home"，快速跳到文档起始位置；点击"Ctrl+End"，快速跳至文档末尾。

2.1.3 定位文档

面对一篇成千上万字的文档，要准确找到某个章节查看或修改，依靠鼠标滚轮或右侧滚动条总是费时又费力。不过，Word 2019 自带的定位功能可定位指定的页、节、书签、脚注等位置，快速找到想要的内容。

打开导航窗格，在右侧的下拉菜单中选择"转到"选项，或者直接按"Ctrl+G"组合键。

图 2-11 右键单击选择"转到"

上步操作完成后，即可弹出下列对话框。

图 2-12 定位条件

如果要跳到第五行，定位目标选择行，行号填写 5。

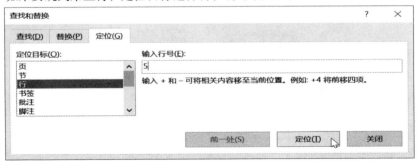

图 2-13 输入位置

点击定位，可以看到光标已经在第五行了。

古墓里的诡异怪兽，真的只是凭空捏造吗？

盗墓类电影之所以如此迷人，跟其中猎奇的元素是分不开的。人们觉得古墓的阴森不仅仅在于里面是死尸，还有本应该死寂的墓穴里可能有一些神奇而可怕的生物存在，这种情况下，我们基本上会把这种生物定义为怪兽，但也许这种生物仅仅是喜欢阴暗僻静的地方而已，至于其样貌，可能因为与众不同而让我们感到不适罢了。

图 2-14 定位效果

2.2 文档审改

日常工作中，某些文件往往会经过多方讨论和审阅。为了方便看出所做改动，种种批示和修改需要呈现在文档中。Word 2019 提供了文档试图、添加批注、修订等工具，大大提高了办公效率。

2.2.1 校对文本

通过 Word 文档的审阅功能，可以对文本进行校对。

在打开的文档中，将光标定位至校对的起始位置。打开审阅工具栏，找到"校对"选项中的"拼写和语法"按钮，点击。

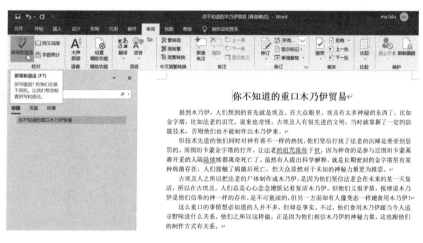

图 2-15 点击拼音和语法

在弹出的"校对"窗格中，如果所选文档存在拼写和语法错误，会在"输入错误或特殊用法"文本框中显示。与此对应，系统认为有问题的那句话也会被选中。

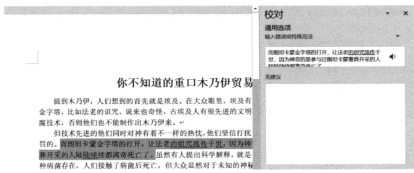

图 2-16　校对界面

如果真的有错误，在文档中修改后点击继续即可查找下一处。

图 2-17　点击继续

如果程序搜索到的错误为用户故意设置，可单击"忽略"按钮，程序将跳过该处错误而选中下一处错误。

图 2-18　忽略无错误选项

如果文档中存在多处错误，程序会继续显示需要更改的内容，全部更改完毕后弹出提示框,提示用户拼写和语法检查已完成。单击"确定"按钮,完成检查操作。

图 2-19　点击确定

2.2.2 自动更正

Word 中如需经常使用一些比较生僻复杂的专有名词,可以通过自动更正功能完成其简易输入。

以化学专有名词"羟氯喹"为例,这三个生僻字输入并不方便,如果在一篇文章中反复出现这个词,就需要自动更正。打开文件工具栏,点击"选项"。

图 2-20　打开选项菜单

在弹出的 Word 选项对话框中选择"校对",在自动更正选项中点击自动更正选项按钮。

图 2-21　打开自动更正选项

在弹出的自动更正对话框中，可在替换文本框中输入任意一个方便的数字，比如"333"，在替换为文本框中输入需要的内容"羟氯喹"，点击添加后，再点击确定。

图 2-22　自动更正界面

之后的文档中，只要输入 333 后继续输入其他内容或是输入后按回车键，333 就会变成"羟氯喹"。如果确实需要 333 这个数据，删除替换后的羟氯喹再次输入 333 就可以了。

2.2.3 添加批注

审阅文档内容时，如对某些内容有疑问或进行补充，审阅者可为文档添加批注。批注的对象可以是文本、表格或图片等内容。

将光标定位至需要添加批注的位置，单击"审阅"，选择"新建批注"选项。

图 2-23　添加批注

此时，光标所在的内容将被填充颜色，并且被一对括号括起来，旁边为批注框，在批注框中输入相关的内容即可。

规模吸引了世人的目光，经考证，这批陪葬陶俑属于秦时期，这就让人们理所当然地相信了这是秦始皇的陶葬品。毕竟作为统一中国的第一人，只有他才有足够的人力物力财力搞这么打算的排场。

然而，近年来关于兵马俑的归属有了不一样的看法，而且有专家论证，兵马俑很可能不是秦始皇的陶葬品，而是他曾祖母宣太后的陪葬。

宣太后是谁呢？宣太后又名芈八子，就是前几年热播的《芈月传》的主角。历史上只有一个登基的女皇武则天，但是把持朝政的太后绝不止武则天一人，芈八子就是中国历史上不得不提的女政治家，正是她的筹划谋略为秦始皇一统天下打下了坚实的基础。

不过历史上对她的记载比较模糊，包括她的身世，只知道她是楚国公主，但地位不高。是作为政治联姻的工具嫁到秦国去的，而她由于不受待见，所以义弟弟也被作为质子送往他国。

图 2-24　输入内容

按照上述方式，可以为文档添加多个批注。

在审阅工具栏的修订选项中，可以通过显示标记下拉菜单取消批注勾选，隐藏批注，需要显示批注的时候，则在批注选项中点击显示批注。

图 2-25　隐藏或显示批注

单击"答复"或"解决"，可回复批注问题。

图 2-26　批注答复或解决

2.2.4 修订文本

如果文档内容需要修订，可启用"修订"功能操作，作者或审阅者所做的每一次插入、删除或格式更改，都会在文档中标记出来。

在文档中单击"审阅"，选择"修订"选项，此时文档处于修订状态。

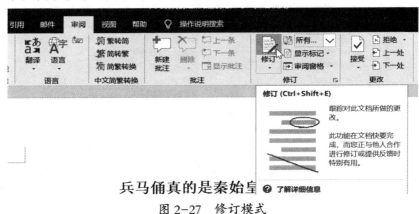

图 2-27　修订模式

此时默认对文档进行任何修改操作都会体现在文档中，如删除、插入等。显示操作在显示下拉菜单中可以修改。

兵马俑真的是秦始皇的陪葬吗？

人类的八大奇迹有一个是秦始皇陵兵马俑，在兵马俑刚出土的那一年，这个庞大的陪葬规模吸引了世人的目光，经考证，这批陪葬陶俑属于秦时期，这就让人们理所当然地相信了这是秦始皇的殉葬品。毕竟作为统一中国的第一人，只有他才有足够的人力物力财力搞这么大打算的排场。

然而，近年来学术界关于兵马俑的归属有了不一样的看法，而且有专家论证，兵马俑很可能不是秦始皇的殉葬品，而是他曾祖母宣太后的陪葬品。

宣太后是谁呢？宣太后又名芈八子，就是前几年热播的影视剧《芈月传》的主角。历史上只有一个登基的女皇武则天，但是把持朝政的太后绝不止武则天一人，芈八子就是中国历史上不得不提的女政治家，正是她的筹划谋略为秦始皇一统天下打下了坚实的基础。

图 2-28 更改后标记

如果选择简单标记，左侧的线会变红，点击红线，恢复全部标记显示模式。

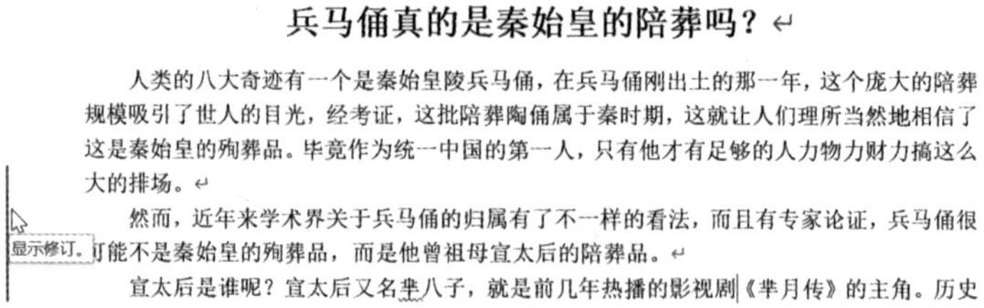

兵马俑真的是秦始皇的陪葬吗？

人类的八大奇迹有一个是秦始皇陵兵马俑，在兵马俑刚出土的那一年，这个庞大的陪葬规模吸引了世人的目光，经考证，这批陪葬陶俑属于秦时期，这就让人们理所当然地相信了这是秦始皇的殉葬品。毕竟作为统一中国的第一人，只有他才有足够的人力物力财力搞这么大的排场。

然而，近年来学术界关于兵马俑的归属有了不一样的看法，而且有专家论证，兵马俑很显示修订。可能不是秦始皇的殉葬品，而是他曾祖母宣太后的陪葬品。

宣太后是谁呢？宣太后又名芈八子，就是前几年热播的影视剧《芈月传》的主角。历史

图 2-29 显示修订内容

修订结束后，直接点击修订按钮退出修订模式。如果禁止别人随意关闭修订模式，一直保持在修订模式中，打开修订下拉菜单，选择锁定修订。

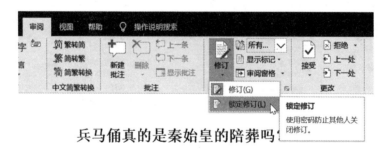

图 2-30 锁定修订模式

在弹出的对话框中输入密码后点击确定。

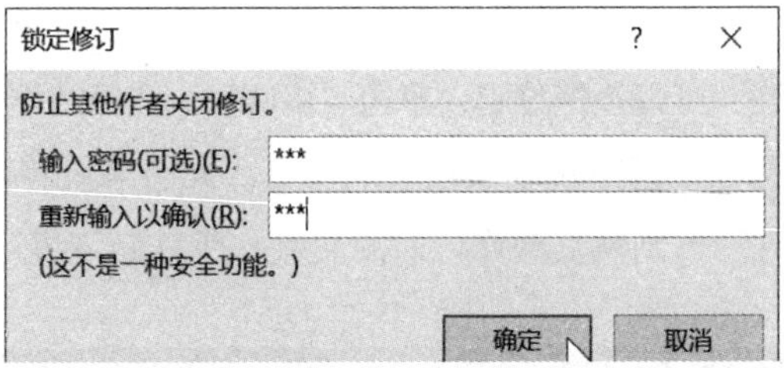

图 2-31　设置密码

这样一来，想要关闭修订模式，必须输入密码才可以。

2.2.5 审改处理

当文档的改动工作完成后，可以跟踪修订内容，选择接受或拒绝。

具体操作步骤如下。

1. 接受修订

修订内容正确，接受修订时，操作步骤如下。

将光标定位至修订的内容处，单击"审阅"工具栏，在接受下拉列表中选择"接受并移到下一处"选项，即可接受文档中的修订，此时系统将选中下一条修订。

图 2-32　单处修订接受

如果接受所有修订，在"接受"选项的下拉列表中选择"接受所有修订"选项，所有修订标注会消失。

图 2-33　接受所有修订

2.拒绝修订

认为修订不恰当，可以拒绝修订。单击"审阅"，在拒绝下拉列表中选择"拒绝并移到下一处"选项，即可拒绝文档中的修订，此时系统将选中下一条修订。点击"拒绝所有修订"，则恢复到修订前的文稿，所有修订痕迹消失。

图 2-34　拒绝所有修订

批注需要自己修改，按照要求修改完后，在批注选定内容或者批注框中点击鼠标右键，选择"删除批注"，批注就会消失，也可以直接在工具栏中点击删除。

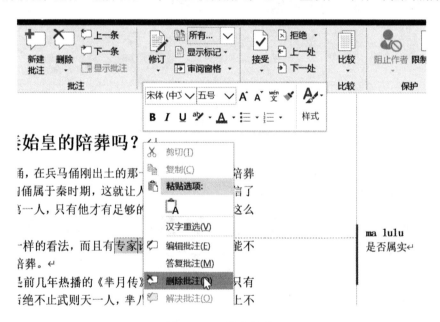

图 2-35　删除批注

第三章

文档排版与设计

较长篇幅的文档审阅与处理无误后，还必须进行必要的版式处理，这就涉及到文本格式、页面版式、页面背景等诸多方面的技巧。下面就开始介绍以上相关的内容。

3.1 文本格式

一篇文章除了内容精彩外，还需要格式美观，才能让阅读者获得美好的享受。Word 文档亦是如此，这就涉及文本格式的设置，包括字体、边框、底纹、段落、页面背景等。

3.1.1 设置字体格式

在 Word 2019 中编辑完成文档后，还要根据需要设置字体格式，如字体、字形、字号、字体颜色等。这可以使整个文档看起来美观工整、层次分明。

具体操作步骤如下。

选中需要设置的文本，在开始工具栏的字体菜单中进行相关设置。

图 3-1　字体菜单栏

1. 设置中文字体

字体菜单中有字体快速设置选项。选定要设置字体的文字，直接点击下图中所示的字体下拉菜单，选择需要的字体，选中的字段会自动显示预览。

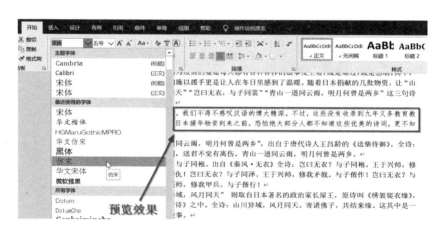

图 3-2　预览字体效果

2. 设置字体格式

如果需要一次性设置字体、字形以及文字的颜色等，可以打开字体对话框一次性实现所有操作。选中需要设置的文字，点击字体菜单右侧的下拉菜单选项。

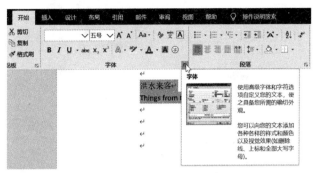

图 3-3　打开字体菜单

如果存在中英文混合的情况，所需的中文字体和英文字体是两种，就需要在对话框中对中文字体和英文字体进行分开设置，之后选择相应的字形、字号等。

图 3-4　设置西文字体

在"字体颜色"选项中可以对字体颜色进行更改，还有"下划线""着重号"等选项。

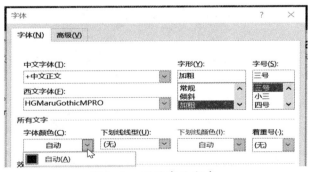

图 3-5　设置字体颜色

在对话框下方，每个设置都会生成预览。如果对预览效果满意，单击"确定"按钮即可。

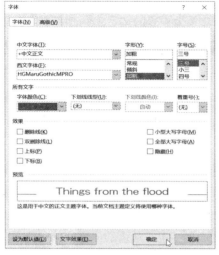

图 3-6　设置完成后点击确定

使用同样的方法，根据需要设置其他内容的字体。

3.1.2 添加特殊效果

Word 2019 中设有添加轮廓、阴影、映像、发光等特殊效果，可让文档更加美观。

选择需要设置效果的文本，打开开始工具栏中的"字体"对话框，点击"文字效果"按钮。

图 3-7　打开文字效果

如果要给文本设置阴影，就点击图中位置进行选择。

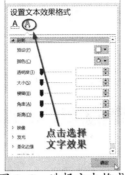

图 3-8　选择文本格式

根据需要对具体部分进行设置，如阴影范围大小、透明度等。

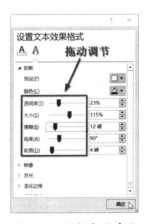

图 3-9　调整条件参数

也可直接通过阴影预设进行快捷操作。阴影预设的下拉菜单中有阴影的具体样式，以及对应样式调整好的各方面参数。

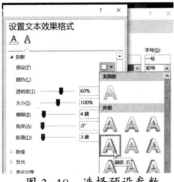

图 3-10　选择预设参数

选择好点击确定，会发现字体因为添加了阴影而变得更加立体。

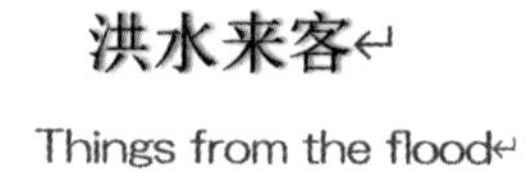

图 3-11　添加阴影效果

除了阴影外，也可不打开字体对话框，直接选择样式快捷操作。

图 3-12　字体效果设置快捷菜单

3.1.3　添加边框和底纹

如果想给文档添加边框，先选中准备设置的文本，在"开始"选项中单击"字符边框"，即可为所选文本添加边框。

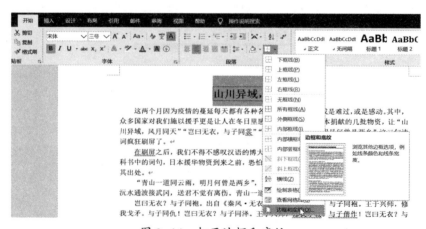

图 3-13　添加字符边框

如果对预设框线不满意，可在"开始"选项中找到"边框"命令，点击边框下拉菜单，选择"边框和底纹"选项。

图 3-14　打开边框和底纹

在对话框中，可以看到方框、阴影、三维等多种边框模式，可根据需要选择。样式和颜色也可按照自己的喜好调整。最后，选择是给选中的文字添加，还是选中文字的整个段落添加，点击"确定"，即可为所选文本添加理想边框。

图 3-15　设置边框样式

想给文档添加底纹时，在"开始"选项中单击"字符底纹"即可，所选文本的底纹将变成浅灰色。

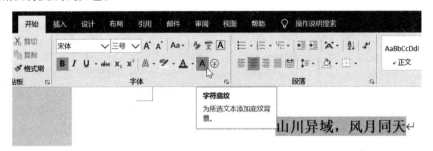

图 3-16　添加字符底纹

如果对预设颜色不满意，按照设置边框的办法调出边框和底纹对话框，然后在"底纹"的设计菜单栏下点击"填充"，完成颜色填充操作，选择自己需要的颜色。之后，在"样式"中选择样式、颜色，选定是应用于文字还是段落后，点击确定即完成操作。

图 3-17 设置底纹样式

在"边框"和"底纹"中间，还有"页面边框"选项。可通过样式、颜色、宽度等选项，对页面边框进行设置。

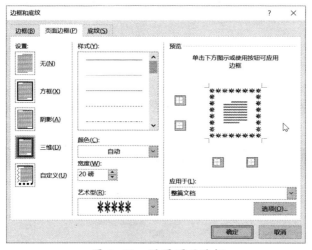

图 3-18 设置页面边框

3.1.4 设置段落格式

段落格式是指以段落为单位的格式设置，包括段落的对齐方式、段落缩进、段落间距以及添加段落项目符号或编号等。

在 Word 2019 中，段落格式命令适用于整个段落，即不必选中整个段落，只要将光标定位至需要设置的段落即可。

1. 设置段落对齐方式

将光标定位至某一段落的任意位置，单击"开始"，选择"段落"选项。

在弹出的"段落"对话框中，选择"缩进和间距"。在"对齐方式"下，可以看到 Word 2019 提供了左对齐、居中、右对齐、两端对齐和分散对齐五种对齐方式。下面以段落的居中对齐方式为例。

图 3-19　段落菜单

单击"居中"选项，确定。

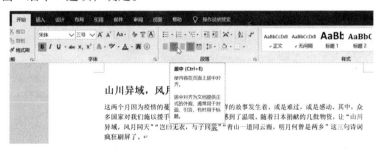

图 3-20　点击居中

效果如图所示。

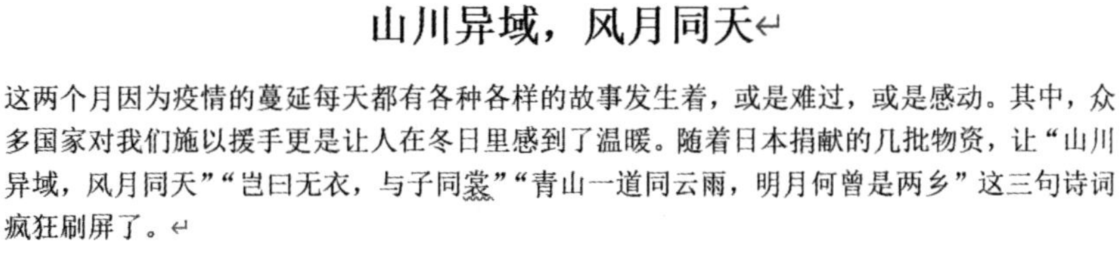

山川异域，风月同天↵

这两个月因为疫情的蔓延每天都有各种各样的故事发生着，或是难过，或是感动。其中，众多国家对我们施以援手更是让人在冬日里感到了温暖。随着日本捐献的几批物资，让"山川异域，风月同天""岂曰无衣，与子同裳""青山一道同云雨，明月何曾是两乡"这三句诗词疯狂刷屏了。↵

图 3-21　居中效果

2. 设置首行缩进

根据中文的书写格式，正文中的每个段落需要首行缩进两个字符。设置首行缩进的具体操作步骤如下。

选择正文内容的某一段落，单击"开始"选项中的"段落"。

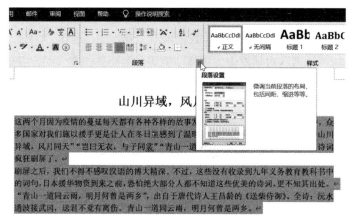

图 3-22　打开段落设置

在弹出的"段落"对话框中，单击"缩进和间距"选项，选择"特殊"格式下的按钮，在其下拉列表中选择"首行"，设置"缩进值"为"2字符"，单击"确定"按钮。

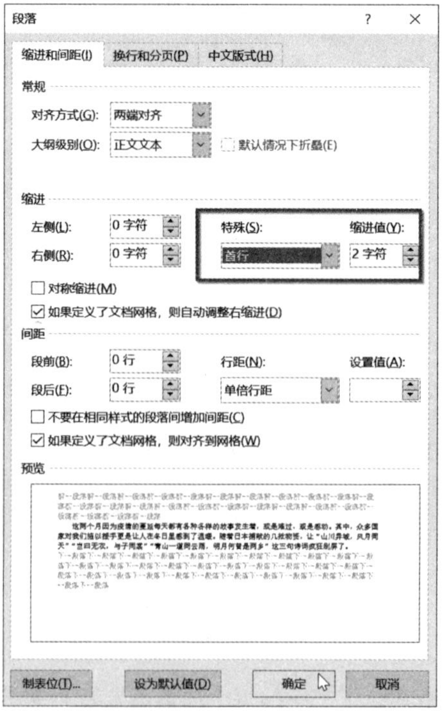

图 3-23　设置首行缩进

这样一来，即可看到所选段落的缩进效果。

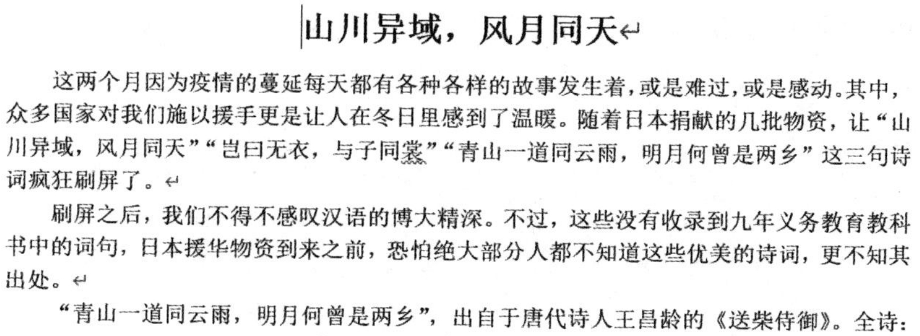

山川异域，风月同天

　　这两个月因为疫情的蔓延每天都有各种各样的故事发生着，或是难过，或是感动。其中，众多国家对我们施以援手更是让人在冬日里感到了温暖。随着日本捐献的几批物资，让"山川异域，风月同天""岂曰无衣，与子同裳""青山一道同云雨，明月何曾是两乡"这三句诗词疯狂刷屏了。

　　刷屏之后，我们不得不感叹汉语的博大精深。不过，这些没有收录到九年义务教育教科书中的词句，日本援华物资到来之前，恐怕绝大部分人都不知道这些优美的诗词，更不知其出处。

　　"青山一道同云雨，明月何曾是两乡"，出自于唐代诗人王昌龄的《送柴侍御》。全诗：

图 3-24　首行缩进效果

3. 设置段落间距

　　间距设置包括段落间距设置和行间距设置，其中段落间距指的是文档中段落与段落之间的距离，行间距指的是行与行之间的距离。

　　设置段落间距和行间距的具体操作步骤如下。

　　选定要设置的文本，点击"开始"按钮，打开"段落"对话框，单击"缩进和间距"，选择"间距"选项。

图 3-25　设置段落间距

在"间距"选项区域，分别设置"段前"和"段后"为1行。在"行距"选项区域，选择"1.5倍行距"，单击"确定"按钮。

效果如图所示。

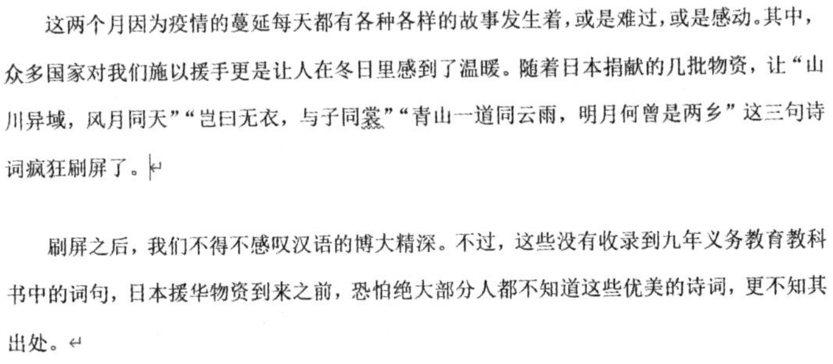

这两个月因为疫情的蔓延每天都有各种各样的故事发生着，或是难过，或是感动。其中，众多国家对我们施以援手更是让人在冬日里感到了温暖。随着日本捐献的几批物资，让"山川异域，风月同天""岂曰无衣，与子同裳""青山一道同云雨，明月何曾是两乡"这三句诗词疯狂刷屏了。

刷屏之后，我们不得不感叹汉语的博大精深。不过，这些没有收录到九年义务教育教科书中的词句，日本援华物资到来之前，恐怕绝大部分人都不知道这些优美的诗词，更不知其出处。

图 3-26　设置效果

4. 添加项目符号和编号

在 Word 文档中，合理使用项目符号和编号，可使文档的层次结构更清晰，更有条理。

具体操作步骤如下。

选定需要设置的文本，点击"开始"按钮，在"段落"选项中，单击"项目符号库"按钮。在弹出的列表中，选择"◆"选项，即可在文本前插入黑色菱形项目符号。

图 3-27　选择项目符号

如果项目符号库中没有合适的符号，点击菜单中的定义新项目符号。

图 3-28　点击定义新项目符号

点击符号，可以选择合适的符号，设定完后点击确定即可。

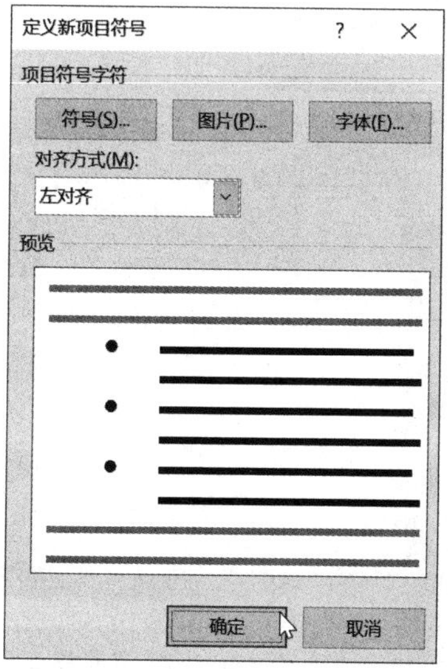

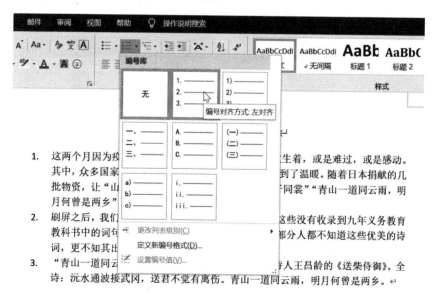

图 3-29　自定义项目符号界面

文档编号是按照从小到大的顺序为文档中的段落添加编号，在"段落"选项中，单击"编号"按钮，选择需要的编号样式。

图 3-30　设置编号效果

如果没有满意的，可以点击"定义新编号格式"。

图 3-31　打开定义新编号格式

在"定义新编号格式"对话框中，可以设置编号样式和格式，点击确定即可。

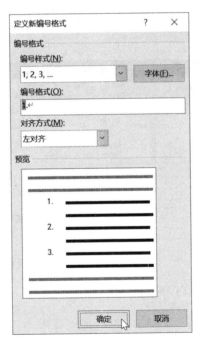

图 3-32　设置自定义编号格式

3.2 页面版式

段落以及文本的格式并不能决定最终的呈现效果，页面的版式设计决定了整体的视觉效果。Word 中，页面版式的设置功能提供了各种类型文本的多种选择，可以根据自己的需要对文本进行简单的排版设计。

3.2.1 设置页边距

在对文档编辑时，通常是 Word 默认的版式，需要对页边距进行调整。这时打开布局工具栏，找到页边距选项，点击下拉菜单，可以看到有多项选择。如果没有特殊要求，根据文档选择即可。

图 3-33　页边距菜单

如果有特殊格式要求，需要另行设置。以公文格式为例，页边距是有固定要求的，此时点击页面设置右下角的展开选项。

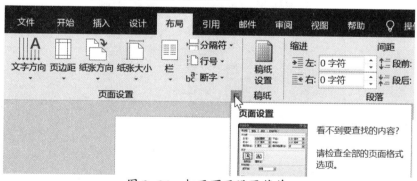

图 3-34　打开页面设置菜单

在弹出的页面设置对话框中输入页边距，公文对页边距的要求是上 3.7 厘米、下 3.5 厘米、左 2.8 厘米、右 2.6 厘米，在下图中的相应位置进行调整，纸张方向选择纵向，可以看到预览样式。设定完成，点击确定即可。

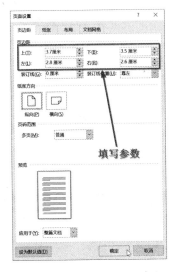

图 3-35　设置页边距参数

3.2.2 设置纸张

文档需要打印时,根据纸张类别,版式会有所差距。Word默认的是A4纸大小,如果需要其他纸张大小,需要在布局中对纸张大小进行更改。

在布局工具栏的页面设置中,可以找到纸张大小选项,在其下拉菜单中,可以看到各种纸张大小,按需选择即可。如果是比较特别的纸张,没有模板,则在纸张大小下拉菜单的"其他纸张大小"中修改。

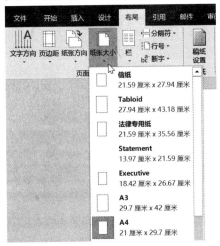

图 3-36　设置纸张大小

3.2.3 设置分页

Word 默认自动换行以及分页，也就是在既定格式下输入一行或一页之后，会自动跳至下一行行首或下一页首行行首。如果需要人为对内容进行分隔，就将光标移至需要分隔的位置，点击布局工具栏页面设置选项中的分隔符菜单进行选择即可。

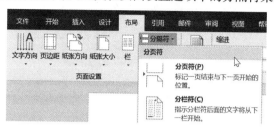

图 3-37　分隔符菜单

分隔符菜单中有多个选项。

分页符是在内容不满一页的时候想要人为分页时的选择。

换行符用于手动换行，它与回车键不同的是，用换行符换行后，内容并不另起一段，仍是上一段的一部分，只是另起一行。

分节符用于将整个文档分成若干节。Word 默认整个文档是一节，这样在页面布局时，整体都会有所改变。分节之后，对当前节的改变不会影响其他节的格式和布局。

分栏符则需要在分栏格式下使用。对文档分栏后，Word 默认是自动分栏，如果需要人为分栏，点击分栏符即可。

如果分栏较多，为了美观，首先在布局中将纸张方向变为横向。

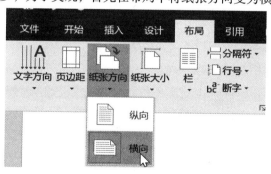

图 3-38　纸张方向菜单

然后，点击"栏"选项。如果在下拉选项菜单中没有所需的格式，点击"更多栏"选项。

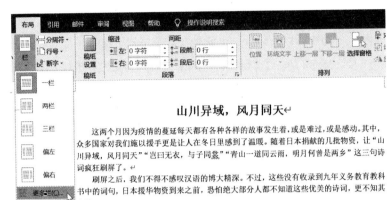

图 3-39　分栏菜单

在弹出对话框的栏数中输入需要分割的数量，比如4，此时的宽度是默认的，无须调节，点击确定。

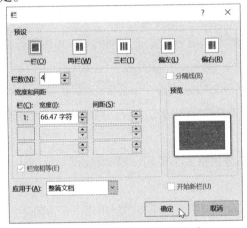

图 3-40　自定义分栏设置

整篇文章就被分隔成四栏了。如果默认内容不够四栏，最右侧会显示空栏，内容只能填充前三栏。

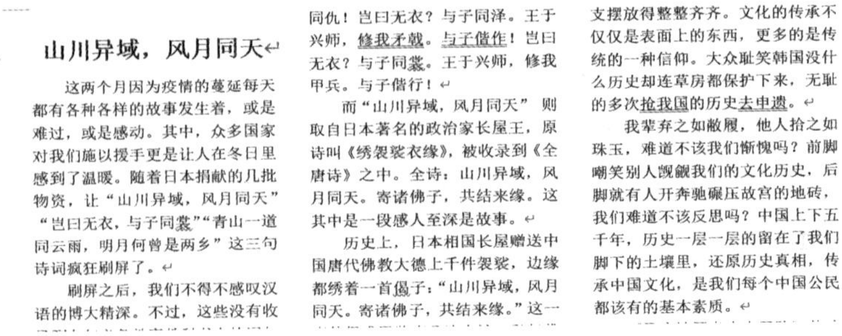

山川异域，风月同天

这两个月因为疫情的蔓延每天都有各种各样的故事发生着，或是难过，或是感动。其中，众多国家对我们施以援手更是让人在冬日里感到了温暖。随着日本捐献的几批物资，让"山川异域，风月同天""岂曰无衣，与子同裳""青山一道同云雨，明月何曾是两乡"这三句诗词疯狂刷屏了。

刷屏之后，我们不得不感叹汉语的博大精深。不过，这些没有收

同仇！岂曰无衣？与子同泽。王于兴师，修我矛戟。与子偕作！岂曰无衣？与子同裳。王于兴师，修我甲兵。与子偕行！

而"山川异域，风月同天"则取自日本著名的政治家长屋王，原诗叫《绣袈裟衣缘》，被收录到《全唐诗》之中。全诗为：山川异域，风月同天。寄诸佛子，共结来缘。这其中是一段感人至深的故事。

历史上，日本相国长屋赠送中国唐代佛教大德上千件袈裟，边缘都绣着一首偈子："山川异域，风月同天。寄诸佛子，共结来缘。"这一

支摆放得整整齐齐。文化的传承不仅仅是表面上的东西，更多的是传统的一种信仰。大众耻笑韩国没什么历史却连草房都保护下来，无耻的多次抢我国的历史去申遗。

我辈弃之如敝履，他人拾之如珠玉，难道不该我们惭愧吗？前脚嘲笑别人觊觎我们的文化历史，后脚就有人开奔驰碾压故宫的地砖，我们难道不该反思吗？中国上下五千年，历史一层一层的留在了我们脚下的土壤里，还原历史真相，传承中国文化，是我们每个中国公民都该有的基本素质。

图 3-41　分栏后效果

3.3 页面背景

为使 Word 文档看起来更加美观，还可以为其添加页面背景。页面背景包括水印、页面颜色以及其他填充效果。

3.3.1 添加水印

在 Word 文档中添加水印，既能为文档增添视觉趣味，又能起到传达有用信息、宣传推广、宣告归属权的作用，适用于各种宣传文件及保密文件。

点击菜单栏中的"设计"，选择"水印"选项。

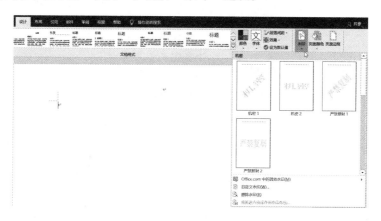

图 3-42　添加水印菜单

Word 2019 预设了多种文字水印，在"水印"下拉列表中可以看到水印的文字和格式。如选择"严禁复制 1"，水印就会以背景形式添加到文档中。

> 刷屏之后，我们不得不感叹汉语的博大精深。不过，这些没有收录到九年义务教育教科书中的词句，日本援华物资到来之前，恐怕绝大部分人都不知道这些优美的诗词，更不知其出处。↵
> "青山一道同云雨，明月何曾是两乡"，出自于唐代诗人王昌龄的《送柴侍御》全诗：沅水通波接武冈，送君不觉有离伤。青山一道同云雨，明月何曾是两乡。↵
> 岂曰无衣？与子同袍。出自《秦风·无衣》全诗：岂曰无衣？与子同袍。王于兴师，修我戈矛。与子同仇！岂曰无衣？与子同泽。王于兴师，修我矛戟。与子偕作！岂曰无衣？与子同裳。王于兴师，修我甲兵。与子偕行！↵
> 而"山川异域，风月同天"则取自日本著名的政治家长屋王，原诗叫《绣袈裟衣缘》被收录到《全唐诗》之中。全诗：山川异域，风月同天。寄诸佛子，共结来缘。这其中是一段感人至深的故事。↵

图 3-43　添加水印效果

如果是多页，每一页都会加上水印。显然，默认的灰色不清晰，此时需要自定义设置：在"水印"下拉列表中选择"自定义水印"。

图 3-44　打开自定义水印菜单

在打开的水印窗口中，选择"文字水印"选项。当文字水印变为可编辑状态，设置水印文字、字体、字号、颜色等信息，设置完成后，点击"应用"或"确定"按钮。

图 3-45　自定义水印设置

此时，水印就变成自定义设置的形式了。

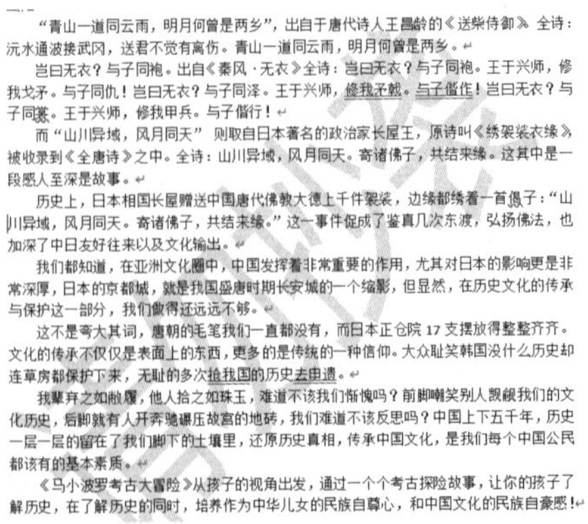

"青山一道同云雨，明月何曾是两乡"，出自于唐代诗人王昌龄的《送柴侍御》全诗：沅水通波接武冈，送君不觉有离伤。青山一道同云雨，明月何曾是两乡。

当日无衣与子同袍。出自《秦风·无衣》全诗：当日无衣？与子同袍。王于兴师，修我戈矛，与子同仇！当日无衣？与子同泽。王于兴师，修我矛戟，与子偕作！当日无衣？与子同裳。王于兴师，修我甲兵。与子偕行！

而"山川异域，风月同天"则取自日本著名的政治家长屋王，原诗时《绣袈裟衣缘》被收录到《全唐诗》之中。全诗：山川异域，风月同天，寄诸佛子，共结来缘。这其中是一段感人至深的故事。

历史上，日本相国长屋曾赠送中国唐代佛教大德上千件袈裟，边缘都绕着一首偈子："山川异域，风月同天。寄诸佛子，共结来缘。"这一事件促成了鉴真几次东渡，弘扬佛法，也加深了中日友好往来以及文化输出。

我们都知道，在亚洲文化圈中，中国发挥着非常重要的作用，尤其对日本的影响更是非常深厚，日本的京都城，就是我国盛唐时期长安城的一个缩影，但显然，在历史文化的传承与保护这一部分，我们做得还远远不够。

这不是夸大其词，盛唐的毛笔我们一直都没有，而日本正仓院 17 支援保得整整齐齐。文化的传承不仅仅是表面上的东西，更多的是传统的一种信仰。大众嘲笑韩国没什么历史却连草房都保护下来，无耻的多次抢我国的历史去申遗。

我摹肃言如此啤覆，他人拾之如珠玉，难道不该我们愧吗？前脚嘲笑别人膜祖我们的文化历史，后脚就有人开亲觉爆压破宽的地砖，我们难道不该反思吗？中国上下五千年，历史一层一层的窗在了我们脚下的土壤里，还原历史真相，传承中国文化，是我们每个中国公民都该有的基本素质。

《马小波罗考古大冒险》从孩子的视角出发，通过一个个考古探险故事，让你的孩子了解历史，在了解历史的同时，培养作为中华儿女的民族自尊心，和中国文化的民族自豪感！

图 3-46　自定义水印添加效果

3.3.2 设置页面颜色

Word 文档常见的页面是白纸黑色，如果觉得颜色单调，可设置自己喜欢的颜色。

点击"设计"选项，在"页面背景"中找到"页面颜色"选项，在"主题颜色"面板上点击喜欢的颜色。

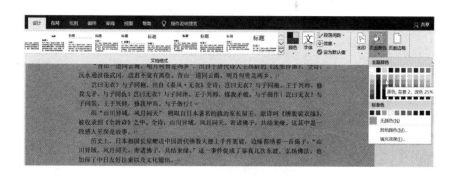

图 3-47　选择页面颜色

如果对"主题颜色"和"标准色"不满意，还可从下拉列表中选择其他颜色。

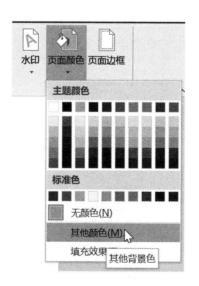

图 3-48　打开其他颜色

在弹出的"颜色"对话框中，标准色会分得更细。如有合适的颜色，将鼠标移到相应的色块上即可看到预览，点击"确定"完成。

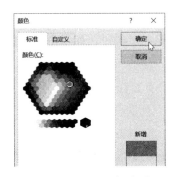

图 3-49　标准色菜单

如果标准色仍不能满足需求，点击"自定义"，通过移动鼠标定位，在下方的微调框中调整颜色的 RGB 值，找到喜欢的颜色后，单击"确定"即可。

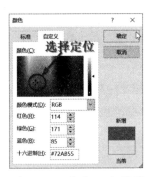

图 3-50　自定义色菜单

3.3.3 设置填充效果

在 Word 文档中，可以设置填充效果。

选择"设计"—"页面背景"—"页面颜色"—"填充效果"。

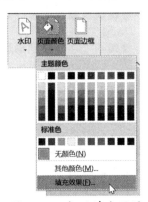

图 3-51　打开填充效果

在"填充效果"对话框中，选择"渐变"选项，点击"预设"可以看到一些现成的颜色。比如，选择羊皮纸，点击"确定"即可。或者选择单色、双色及其对应的颜色，再在底纹样式中选择渐变效果即可。

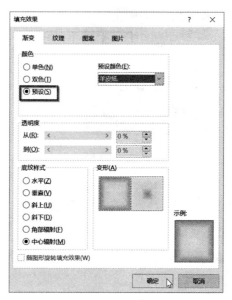

图 3-52　渐变填充效果菜单

如果觉得效果单调，也可选择图案，这样页面背景就会更加丰富。图案的颜色也可根据自己的需求设置。

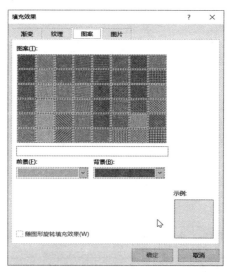

图 3-53　图案填充菜单

如果想要页面背景更加立体，就选择纹理，选择对应的纹理后，点击"确定"。

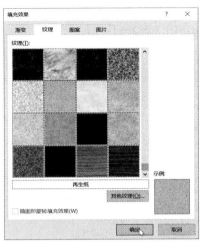

图 3-54　纹理填充菜单

这样一来，页面就会变得更加立体。

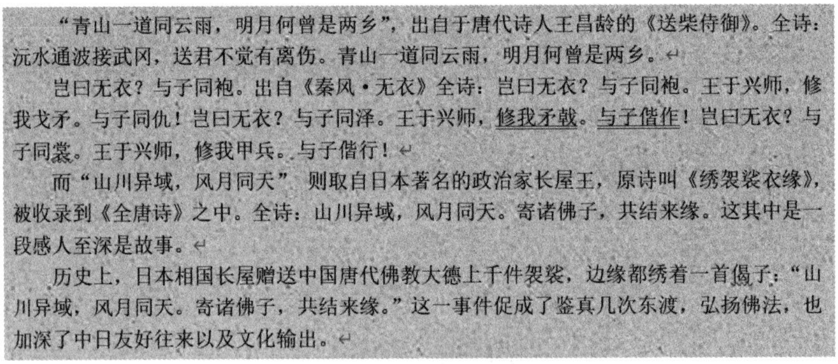

　　"青山一道同云雨，明月何曾是两乡"，出自于唐代诗人王昌龄的《送柴侍御》。全诗：沅水通波接武冈，送君不觉有离伤。青山一道同云雨，明月何曾是两乡。

　　岂曰无衣？与子同袍。出自《秦风·无衣》全诗：岂曰无衣？与子同袍。王于兴师，修我戈矛。与子同仇！岂曰无衣？与子同泽。王于兴师，<u>修我矛戟。与子偕作！</u>岂曰无衣？与子同裳。王于兴师，修我甲兵。与子偕行！

　　而"山川异域，风月同天" 则取自日本著名的政治家长屋王，原诗叫《绣袈裟衣缘》，被收录到《全唐诗》之中。全诗：山川异域，风月同天。寄诸佛子，共结来缘。这其中是一段感人至深是故事。

　　历史上，日本相国长屋赠送中国唐代佛教大德上千件袈裟，边缘都绣着一首偈子："山川异域，风月同天。寄诸佛子，共结来缘。"这一事件促成了鉴真几次东渡，弘扬佛法，也加深了中日友好往来以及文化输出。

图 3-55　纹理填充效果

第四章

让文档图文并茂

现代办公讲究多媒体并用，一篇干巴巴的文字稿或枯燥无味的文档显然已经无法涵盖一个项目所需要涉及的内容。这时候，我们就需要用到图、文、表格混排的处理技巧。下面就开始介绍以上相关的内容。

4.1 图片插入与美化

文档内容的丰富，视觉效果的提升，离不开插图。Word 内设的图片插入以及简单的设置功能，可以进行图片编辑以及简单的图文排版。

4.1.1 图片插入

将光标移动到需要插图的位置，打开"插入"，选择图片下拉菜单中的"此设备"选项。

图 4-1　插入本机图片

此时会弹出插入图片的对话框，根据存储图片的路径位置选择，点击"插入"。

图 4-2　打开图片位置

这样一来，即可将图片插入文档。

图 4-3　图片插入效果

如果点击"插入"后不选择此设备，而选择联机图片，可以在网络上搜索需要的图片。

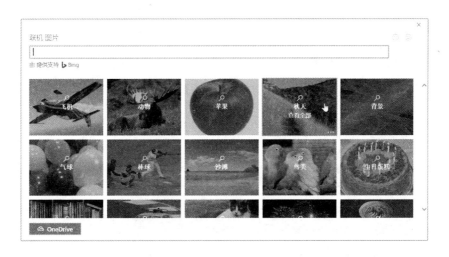

图 4-4　联机图片界面

4.1.2 图片格式设置

如果对插入的图片不满意，可以通过 Word 中的自带功能进行简单修改。比如，运用格式工具栏中的校正选项，设置图片的色调、清晰度和对比度等，还可在设置前看到预览效果。

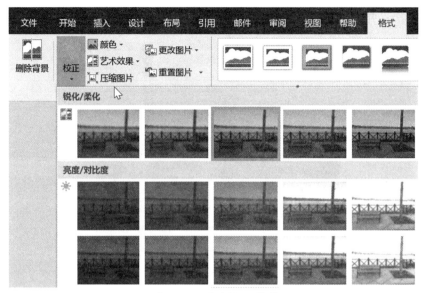

图 4-5　图片校正菜单

如果图片需要比较特殊的视觉效果，可以在艺术效果中寻找相应的视觉效果。

图 4-6　图片艺术效果菜单

为了图片与文档更加协调，可以在格式下拉菜单中选择图片插入的样式。

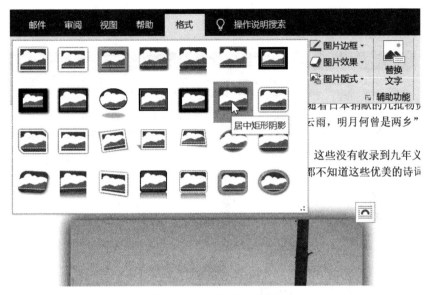

图 4-7　图片格式调整

4.1.3 图文混排

图片的基本格式完成设定后，要将其与文字融合。默认的图片周围是不会有文字的，它单独占据几行位置，这时可以在格式中找到位置下拉菜单，点击"中间居左，四周型文字环绕"，这样图片周围就有了文字。

图 4-8　选择文字和图片位置

想要让文字更贴合一些，打开环绕文字下拉菜单，选择紧密型环绕，文字和图片会更加融合。

图 4-9　设置文字排版

4.2 表格绘制与应用

当文档中存在一些数据或者分类内容时，比起分段，插入表格能让想要体现的数据更加直观。Word 自带的表格插入功能能够加入各种图表，以供使用。

4.2.1 表格的快速插入

对于没有特别格式要求的表格，可以通过快速插入来实现。

1. 基本表格插入

如果是最基本的表格，没有格式方面的特殊需求，仅仅是行和列，可以直接打开"插入"，在表格下拉菜单的最上方小格子直接拖动鼠标，选择行和列。横向小格子的数量代表列数，纵向小格子的数量表示行数。

比如选择行列，拖动到位置之后直接点击，表格就会按照页面格式布局完成。

图 4-10　快速表格设置

如果觉得挪动鼠标不便，打开表格下拉菜单后，通过点击插入表格得到下图中的对话框，直接将表格的参数填入对应位置，点击"确定"，完成表格插入。

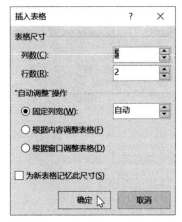

图 4-11　插入表格菜单

如果预设的表格不够用，可以将鼠标移动到表格分隔线交界的地方，当出现下图中的"⊕"时点击，就会再插入一行。

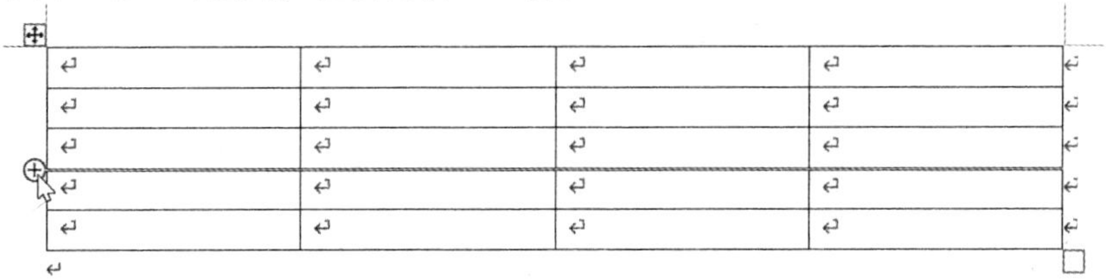

图 4-12　添加行操作

插入表格之后，设计工具栏会自动打开，可以美化表格样式。

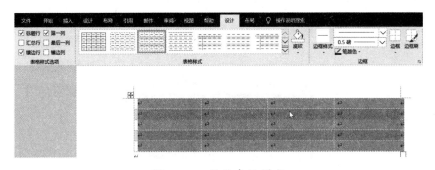

图 4-13　设计表格样式

2.Excel 表格插入

基本表格多应用于内容录入，如果涉及一些数据的计算等就需要用到 Excel 了。Word 中，有内置的 Excel 可以运用。

打开"插入",找到表格下拉菜单,点击"Excel 电子表格"选项。

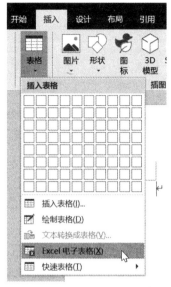

图 4-14　打开 Excel 电子表格

　　Excel 页面弹出来后,输入需要的数据内容。至于页面中表格的大小,通过鼠标拖动边框来实现。完成表格数据录入之后,拖动鼠标移动边框,去掉多余的空白单元格,然后点击页面的空白处。

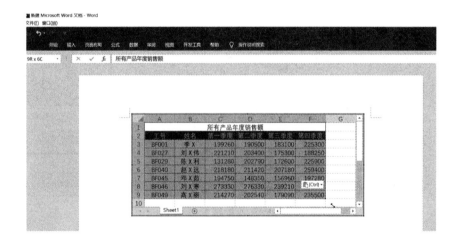

图 4-15　编辑 Excel

图表就完成了。

所有产品年度销售额					
工号	姓名	第一季度	第二季度	第三季度	第四季度
BF001	李 X	199260	190500	183100	225300
BF027	刘 X 伟	221210	203400	175300	188250
BF029	陈 X 利	131280	202790	172600	225900
BF040	赵 X 远	218180	211420	207180	259400
BF045	邓 X 茹	194750	148350	156960	197280
BF046	刘 X 寒	273330	276330	239210	294200
BF049	高 X 丽	214270	202540	179090	235500

图 4-16 最终添加效果

3. 表格模板插入

有时如果没有特别的内容，也有预设的表格模板，可以直接通过模板插入，修改其中的数据。打开"插入"，在表格下拉菜单中选择"快速表格"，会发现很多现成的表格模板，选择需要的即可。

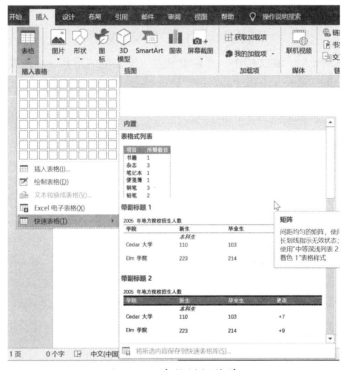

图 4-17 表格模板菜单

4.2.2 按需绘制表格

Word 中，如果对表格的格式有特殊要求，可以通过绘制表格实现。

打开"插入",在表格下拉菜单中选择"绘制表格"选项。

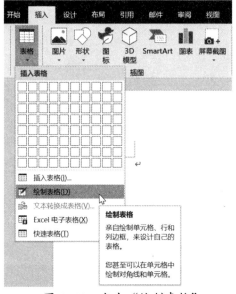

图 4-18 点击"绘制表格"

之后移动光标,在文档中,光标会变成一支铅笔的形状,在需要绘制表格的起点点击鼠标,并拖动到合适的位置,松开鼠标,图表外框就完成了。

图 4-19 绘制表格外框

在合适的位置点击并拖动鼠标,绘制表格内线。

图 4-20 添加表格内线

最后，调整表格格式，在布局中完成单元格的拆分、合并，以及修改。

图 4-21　设置表格格式

4.2.3 快速插入图表

有时，为了数据更加直观，会用一些特别的图表来展示。

1. 数据对比图表

如果是对比数据，就需要柱状图、饼状图一类的图表。

首先，将光标定位在需要插入图表的位置，打开"插入"，找到"图表"选项。

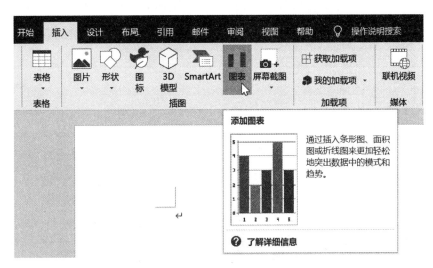

图 4-22　点击添加图表

点击图表按钮，弹出插入图表对话框，选择需要的图表类型，点击"确定"。

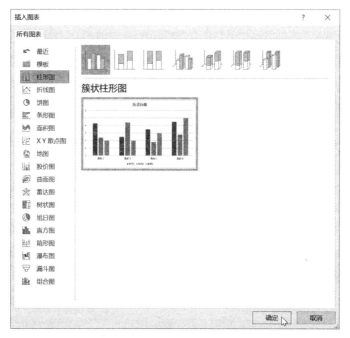

图 4-23　选择图表类别

　　图表以及对应的数据关联表格会出现在界面中，按照数据录入内容，进行编辑。最后，关掉关联数据的 Excel 表格，点击空白处，图表就完成了。

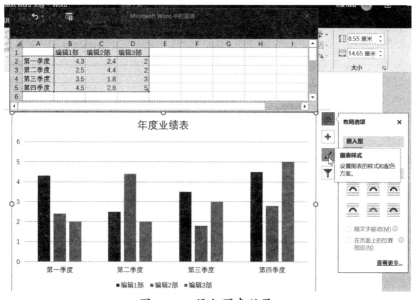

图 4-24　添加图表效果

2.SmartArt 图表

当需要展现流程时，比起文字，流程图更加便捷，形状图片的拼接 SmartArt 更加简便。

光标停留在需要插入图表的位置，打开"插入"，点击"SmartArt"选项。

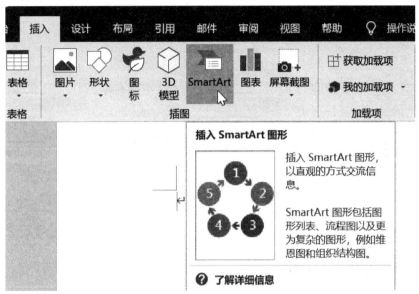

图 4-25　点击"SmartArt"

在弹出的对话框中根据需要选择"SmartArt 图形"样式，点击"确定"。

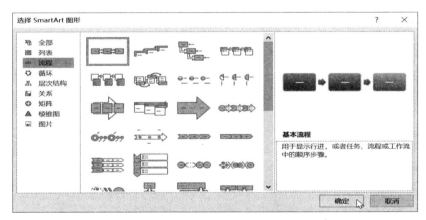

图 4-26　选择图形样式

所选定的图表出现在文档中，按照需要的内容填入文本。图表内容框的大小可以通过鼠标拖动来实现，图表大小根据页面设计和需求进行调节。

图 4-27   编辑文本

图表样式也可在设计页面设定与更改。如果文本框不够，则可单击鼠标右键，在菜单中选择"添加形状"来实现。

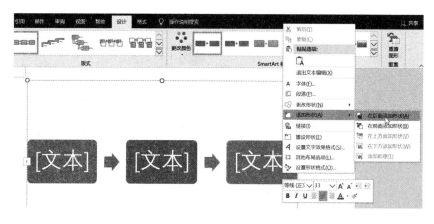

图 4-28   添加流程

第五章

Word 高级应用

学会了文档的审阅与处理、排版与设计以及图、文、表格混排的技巧，这表明你已经从一个办公新人成长为一个基本合格的 Word 快手了。可是这依旧是最基本的功夫，下面就开始介绍 Word 的一些高阶应用，例如文档样式、文档封面设计等方面的技巧。

5.1 文档样式

在对文档内容、格式进行编辑时，如果有模板可以直接用，一定非常方便，尤其是制作目录，需要提前设定标题格式。因此，样式套用成为 Word 中比较常见的提升效率的操作。

5.1.1 应用内置样式

引用目录时，只有标题格式才能被提取成目录，因此输入文字后，需要给标题设置格式。

如果对标题的字体样式没有特别要求，可以通过应用内置样式来实现。

选中标题字段，打开"开始"菜单栏中的样式下拉菜单，选择标题样式。

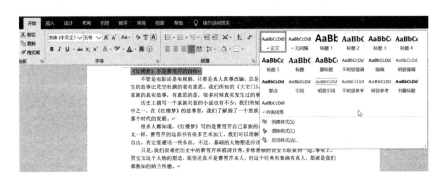

图 5-1　选中字段打开样式

完成操作后，标题格式自动设置完成。

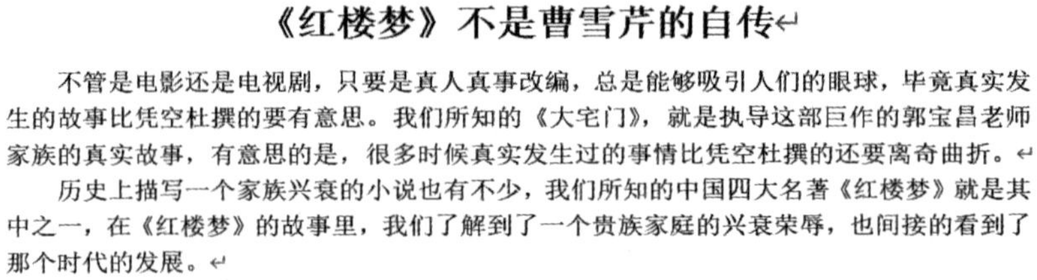

《红楼梦》不是曹雪芹的自传

不管是电影还是电视剧，只要是真人真事改编，总是能够吸引人们的眼球，毕竟真实发生的故事比凭空杜撰的要有意思。我们所知的《大宅门》，就是执导这部巨作的郭宝昌老师家族的真实故事，有意思的是，很多时候真实发生过的事情比凭空杜撰的还要离奇曲折。

历史上描写一个家族兴衰的小说也有不少，我们所知的中国四大名著《红楼梦》就是其中之一，在《红楼梦》的故事里，我们了解到了一个贵族家庭的兴衰荣辱，也间接的看到了那个时代的发展。

图 5-2　设置效果

5.1.2 自定义样式

如果对内置样式不满意,可以通过自定义样式设定需要的格式,以便后续使用。
打开样式下拉菜单,点击创建样式选项。

图 5-3　打开创建样式

在弹出的对话框中输入名称,如果是第一次自定义设置样式,默认名称是"样式1"。如果无须更改名称,可直接点击"修改"按钮。

图 5-4　名称创建对话框

在弹出的"根据格式化创建新样式"对话框中对新建样式进行条件设定。比如,设置的格式是正文还是标题、标题的级别、字体的颜色、字体、色号以及格式等。设置完成后,点击"确定"即可。

图 5-5　自定义样式设置界面

5.1.3 样式模板管理

添加自定义样式后，它会出现在样式库中。

1. 新样式应用

当需要应用格式时，选定字段后，在开始工具栏中找到样式菜单栏，可以看到之前添加的样式出现在菜单中了，直接点击即可应用。

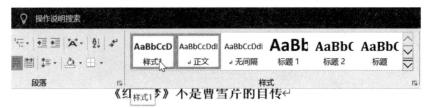

图 5-6　自定义样式应用

2. 样式修改

如果对样式不满意，需要修改，首先找到需要修改的样式，右键单击此样式，点击"修改"选项，就会弹出样式设定的对话框，重新设定参数即可。

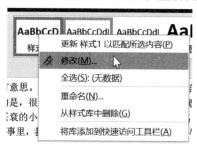

图 5-7　右键单击样式选择修改

3. 样式删除

如果不再需要自定义的样式，又不想占用资源，那么选中该样式，右键单击，在菜单中选择"从样式库中删除"即可。

图 5-8　右键单击选择删除

5.2 设计文档封面

设置一些文档的最终效果时，为了美观往往加入封面设计，可以通过内置的封面插入模板，也可自行设计封面，让文档内容更加丰富。

5.2.1 封面模板插入

制作一些项目策划书或是个人简历时，往往需要添加封面。Word 内置了一些封面模板，可供选择。

打开需要的文档，打开"插入"，找到封面下拉菜单，可以看到内置模板。

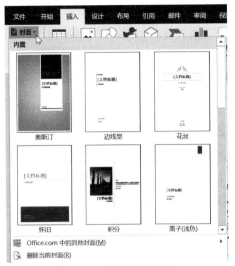

图 5-9　内置封面模板

选择需要的模板，即可在文档中插入带有模板图片的封面页，根据需要在相应位置更改文字即可，简单快捷。

图 5-10　添加封面效果

5.2.2 自定义封面设计

如果希望封面更加贴合内容，可以自定义封面设计。

打开"插入"，在封面下拉菜单中选择"边线型"封面模板。

图 5-11　选择封面模板

插入封面后，选择模板上的元素，单击右键，进行选项的删除操作，目的是要得到一张空白的封面页。

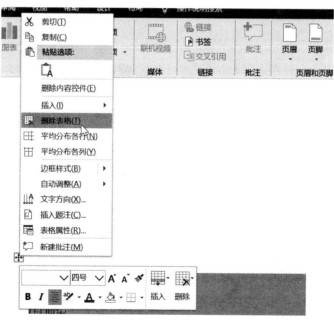

图 5-12　删除封面模板中的元素

在空白封面页插入作为底图的图片，右键单击图片，选择"大小和位置"选项。

图 5-13 右键单击图片选择大小和位置选项

在弹出的布局对话框中，将高度绝对值调至"29.7厘米"，之后点击空白处，宽度会根据图片比例自动改变。勾选"锁定纵横比"以及"相对原始图片大小"，之后点击文字环绕菜单。

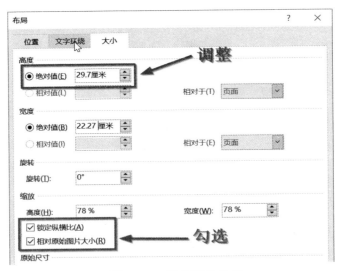

图 5-14 调整图片比例

在文字环绕菜单中选择"衬于文字下方"选项，完成图片作为背景的设置，再次点击"位置"菜单。

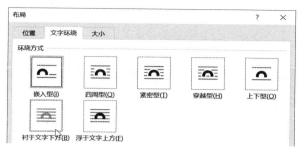

图 5-15 设置图片文字关系

在"位置"菜单中，"水平"与"垂直"都选择"绝对位置"，数据为"0厘米"，
"右侧"以及"下侧"均选"页面"，点击"确定"。

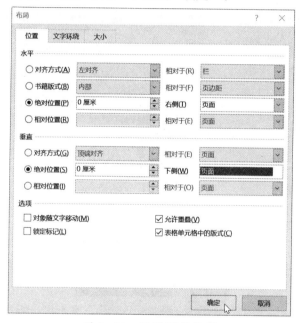

图 5-16 设置图片位置

设定完成后回到封面，点击图片并拖动鼠标，填满封面，或者移动到自己满
意的位置。

图 5-17 移动图片位置

设置完背景图后，根据需要插入字体。如果喜欢华丽些的字体，打开"插入"，点击"艺术字"下拉菜单，选择喜欢的艺术字。

图 5-18　插入艺术字

插入艺术字之后输入文字内容，可以在"格式"工具栏中进一步细化和修改字体效果，如添加阴影、发光，或插入形状等。

图 5-19　设置字体格式

5.2.3 封面样式保存

如果要保存制作的封面，首先全选封面，打开"插入"，点击"封面"，选择"将所选内容保存到封面库"选项。

图 5-20　点击"将所选内容保存到封面库"

在弹出的对话框中为要保存的模板选好名称，点击"确定"。

图 5-21　设置模板名称

完成后，再次进入封面库，就会找到添加的封面模板。

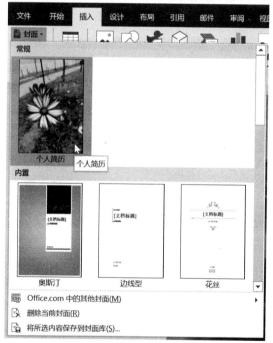

图 5-22　保存模板位置

如果不需要自定义的封面模板，可在自定义模板上右键单击，选择"整理和删除"。

图 5-23　选择"整理和删除"

在弹出的对话框中找到自定义的模板，选中后点击"删除"，之后点击"关闭"。

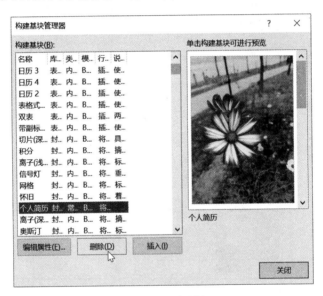

图 5-24　删除模板

在弹出的对话框中选择"是"，完成最终操作。

图 5-25　确认删除口令

第六章

文档的打印设置

你勤勤恳恳地忙碌了几小时、几天，甚至几个星期，一篇满意的文档终于呈现在你的面前。多数情况下，这篇文档必须以纸媒的形式呈给你的导师、老板或客户，这时候你就用得着文档打印技巧了。下面就开始介绍与文档打印有关的一些内容。

6.1 添加页眉和页脚

通常，文档中除了主要内容外，还有页码、页眉、页脚等辅助阅读的内容，给予补充说明。

6.1.1 添加页眉页脚

双击文档中两页之间的交接位置，调出页眉和页脚。

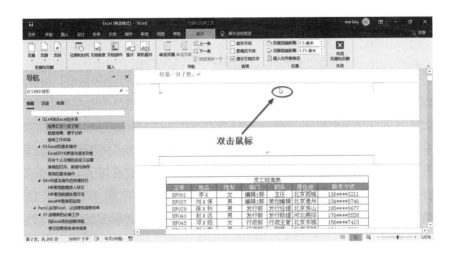

图 6-1　双击交界处

如果是旁侧装订，左右翻看，勾选"奇偶页不同"选项，之后点击"页眉"下拉菜单，根据需要选择样式即可。注意，奇偶页不同，要选择对应的方向。如果在奇数页选择一种，所有奇数页都会自动添加，再定位到偶数页，选择对称的位置即可。

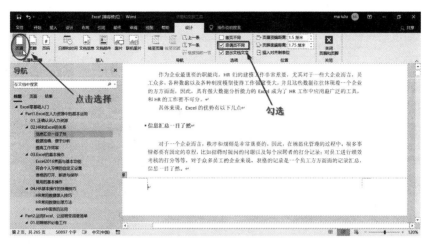

图 6-2　添加页眉

添加页脚和添加页眉的操作一样，只不过要打开"页脚"下拉菜单，选择需要的样式。同样，奇数页和偶数页要分开操作。

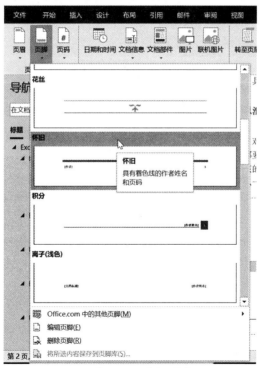

图 6-3　添加页脚

6.1.2 添加页码

如果文档是多页，需要用到添加页码操作。

双击调出"页眉和页脚"，打开"插入"，点击"页码"下拉菜单，选择"设置页码格式"选项。

图 6-4　插入页码

在页码格式中对编号格式进行设置，默认的是"1,2,3,…"这样的阿拉伯数字。起始页码默认为"1"，点击"确定"。

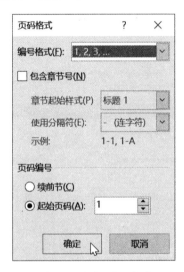

图 6-5　设定页码格式

再次点击"页码"下拉菜单，选择"页面顶端"或"页面底端"，即页码插入位置，之后出现页码样式菜单，选择需要的样式即可。需要注意的是，已经勾选"奇偶页不同"，因此添加页码时也和添加页眉页脚一样，奇数页和偶数页要分开操作，且选择对称样式。

图 6-6　插入奇数页页码

定位在奇数页添加页码后，所有奇数页的页码会自动生成，因此需要在偶数页再次选择页码样式。

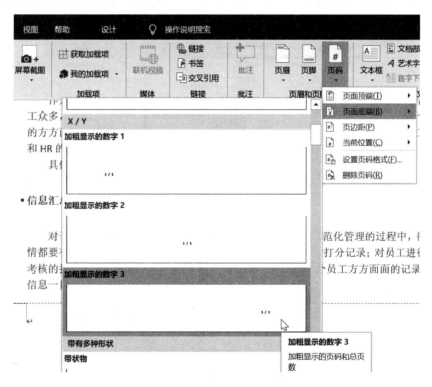

图 6-7　插入偶数页页码

插入页码操作完成后，点击"关闭页眉和页脚"按钮即可。

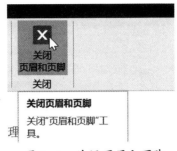

图 6-8　关闭页眉和页脚

6.1.3 添加注解

文档中存在辅助说明正文的内容，包括题注、脚注和尾注。

1. 添加题注

题注通常是为了给图片加入编号。比如，将光标定在没有编号的图片下一行，打开"引用"，点击"插入题注"按钮。

图 6-9　添加题注

在对话框中可以选择标签，也可以通过新建标签加入所需的标签名。题注的编号默认为"1"，点击"确定"。

图 6-10　设置标签编号

之后，自动插入题注。再添加第二幅图时，对话框中的编号自动按照顺序后延。

图 6-11　添加题注效果

2. 添加脚注

脚注是对正文文字的补充说明，将光标定位到需要说明的位置后，打开"引用"，点击"插入脚注"按钮。

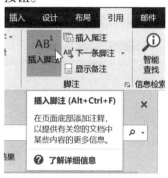

图 6-12　插入脚注

此时页脚会出现一条分隔线，并带有阿拉伯数字 1，再将需要解释的内容输入即可。

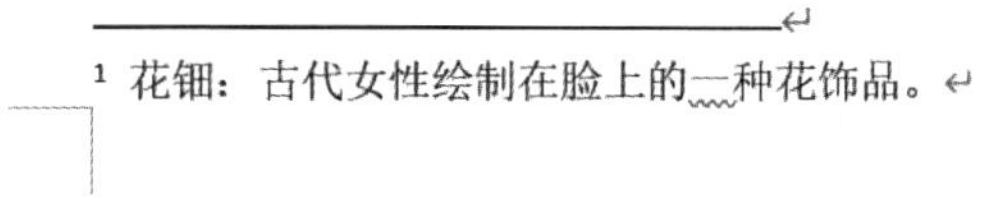

---

¹ 花钿：古代女性绘制在脸上的一种花饰品。↵

图 6-13　输入脚注内容

回到正文位置，可以在添加了脚注的部分看到符号。鼠标移动到关键词周围，会自动变成标注的符号。

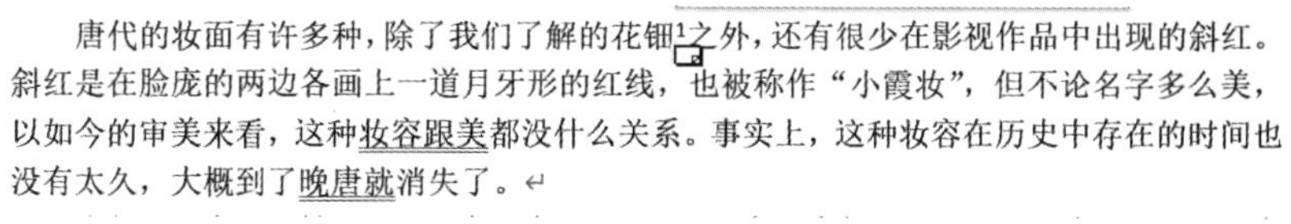

　　唐代的妆面有许多种，除了我们了解的花钿之外，还有很少在影视作品中出现的斜红。斜红是在脸庞的两边各画上一道月牙形的红线，也被称作"小霞妆"，但不论名字多么美，以如今的审美来看，这种妆容跟美都没什么关系。事实上，这种妆容在历史中存在的时间也没有太久，大概到了晚唐就消失了。↵

图 6-14　最终效果

3. 添加尾注

添加尾注和添加脚注的操作方法完全一样，只是在定位之后点击"插入尾注"

按钮。它与脚注的区别就是，脚注的补充说明会展现在当前页面的底部，尾注的补充说明会展现在一节结尾页的底部。如果没有分节，默认出现在最后一页的底部。

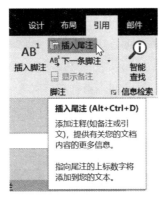

图 6-15　插入尾注

6.2 文档保护

Word 2019 是日常办公的常用软件之一，为了防止他人随意打开或者修改文档，需要通过设置只读文档和加密文档等方法对文档进行保护。

6.2.1 设置只读文档

打开需要设置的文档，单击"文件"按钮，选择"信息"选项。

图 6-16　打开信息界面

单击"保护文档"按钮，从下拉列表中选择"始终以只读方式打开"选项。

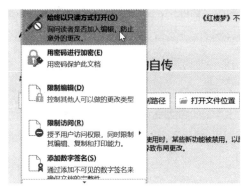

图 6-17　选择"始终以只读方式打开"

点击保存，提示打开只能显示只读属性，点击"是"即可。

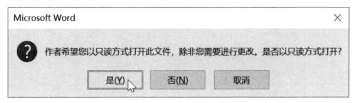

图 6-18　打开文档后的提示界面

6.2.2 设置加密文档

打开需要设置的文档，单击"文件"按钮，选择"信息"选项。

单击"保护文档"按钮，从下拉列表中选择"用密码进行加密"选项。

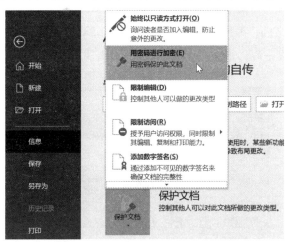

图 6-19　选择"用密码进行加密"

在弹出的"加密文档"对话框中，在"密码"文本框中输入保护密码，点击"确定"。

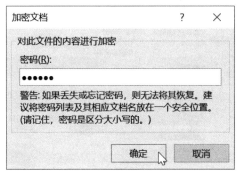

图 6-20　设置密码

弹出"确认密码"对话框，在"重新输入密码"文本框中再次输入保护密码，点击"确定"。

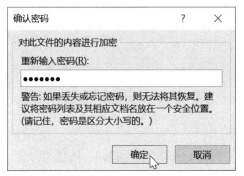

图 6-21　重复输入密码，避免手误

再次启用该文档，弹出"密码"对话框，在"请键入打开文件所需的密码"文本框中输入所设密码，单击"确定"，即可打开文档。

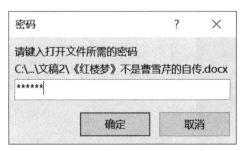

图 6-22　打开文档需要输入密码

如果要取消文档密码，要打开"另存为"对话框，在"工具"菜单中选择"常规选项"。

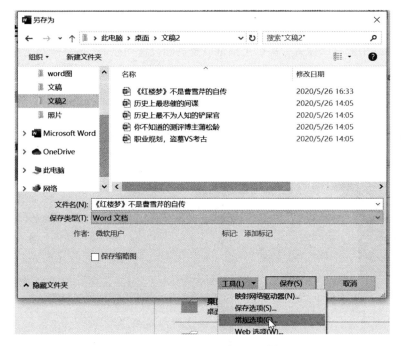

图 6-23　打开"另存为"界面

在弹出的对话框中删除"打开文件时的密码"文本框中的密码，点击"确定"即可。

图 6-24　删除密码

6.3 文档打印

Word 中的打印设置，提供了预览以及页面设置功能。

6.3.1 打印预览与打印

打印是 Word 文档常用的操作之一。

打开一个 Word 文档，点击左上角的"文件"，在弹出的界面中选择"打印"。

在弹出的"打印"窗口中，右侧界面可以预览打印的内容页。如满意预览效果，单击"打印"按钮即可。

图 6-25 快速打印界面

如果需要经常打印文档，可把"打印"添加到快捷菜单。

点击"自定义快速访问工具栏"按钮，从下拉列表中选择"打印预览和打印"选项。

图 6-26 添加打印到快速访问栏

此时，"打印预览和打印"按钮已添加至"快速访问工具栏"中。使用打印功能时，直接单击"打印预览和打印"按钮即可。

图 6-27 打印快捷键

6.3.2 设置打印参数

如果需要对打印参数进行调整，可以在设置栏中修改相应参数条件，如果没有，点击"页面设置"即可。

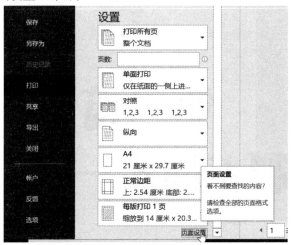

图 6-28　选择页面设置

在弹出的界面中，根据需求进行页边距、页码范围等设置，最后点击"确定"即可。

图 6-29　页面设置界面

第二篇
高效制表神器——Excel

Microsoft Excel是Microsoft公司基于Windows和Apple Macintosh操作系统开发的一款电子表格软件，自1993年作为办公组件发布后，以处理数据直观、便捷、专业等特点迅速成为电子制表软件的霸主。它的最大特点是，可以高效率地完成各种表格的设计、数据的计算与分析。

第七章

Excel 工作簿及工作表

Excel 的界面比较直观，无论是普通的文本输入还是复杂的函数计算，它都可以通过可视化窗口及按钮来实现。下面初步了解 Excel 的界面及基本操作。

7.1 初步了解 Excel 界面

Excel 的主体界面与 Word 相似，唯一不同的是，Excel 单页并不是竖排连续的下一页，而是由工作表组成的工作簿。形象点说，Excel 工作簿是一本册子，工作表就是组成的单页。值得注意的是，每个工作表可以单独存在，从一个工作表中可打印出多页内容。

7.1.1 工作簿的基本操作

工作簿是 Excel 中存储并处理数据的文件簿，一般情况下，它的默认存储类型为 ".xls" ".xlsx"。常见的 Excel 文件便是指工作簿文件。

1. 工作簿的启动

工作簿的启动方式与其他程序大致相同，可通过 "开始" 菜单、桌面等程序图标，同时也可通过已建立的文档启动，启动后只需再次新建工作簿即可。

方法一：单击 "开始" 按钮，在程序列表中找到 Excel 主程序后，单击启动程序。

图 7-1   "开始" 菜单

方法二：双击桌面程序图标启动。

图 7-2　桌面图标

方法三：双击任意 Excel 文档启动。

图 7-3　已存文件

2. 创建空白工作簿

空白工作簿即空白页，以单击 / 双击图标启动后便是"新建"页。对于已是文档形式的启动，或者创建工作中的工作簿，需要进行"新建"操作。

方法一：启动图标后，单击"空白工作簿"新建。

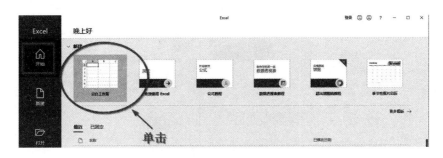

图 7-4　开始页新建

方法二：单击菜单栏中的"文件"，打开文件菜单，单击"新建"打开右侧工作区域，选择"空白工作簿"新建。

图 7-5　新建页

方法三：快捷组合键 Ctrl+N。

组合键使用方法为：按住功能键后，单击字母键。

3. 模板创建工作簿

Excel 中已经预装很多常用模板，用户无须再设置字体、样式等即可快速做出一个美观的表格。

方法一：

第一步，启动后，在"开始"页选择常用模板（常用模板指已经创建的模板）。

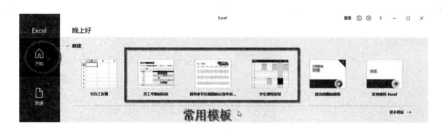

图 7-6　选择常用模板

第二步，单击模板打开创建窗口，预览后单击"创建"，创建模板工作簿。

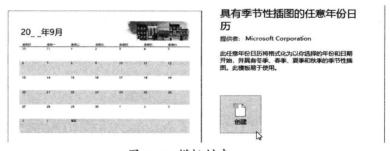

图 7-7　模板创建

方法二：打开一个工作簿，再次新建，单击"文件"菜单打开"开始"页，按方法一新建。

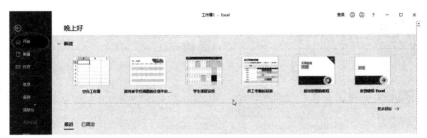

图7-8　单击"文件"打开"开始"页面

方法三：在"新建"页搜索所需的模板。

第一步，在启动页或文件菜单中单击"新建"，打开新建页。

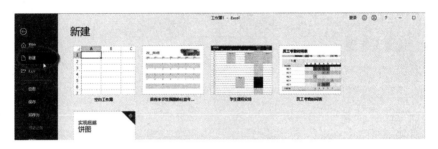

图7-9　新建页

第二步，在"搜索联机模板"中输入模板类别，可回车搜索或单击放大镜搜索。

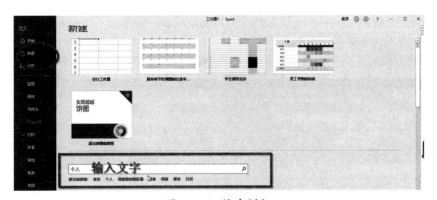

图7-10　搜索模板

第三步，在众多模板中找到所需模板后，单击"选择"，创建窗口。

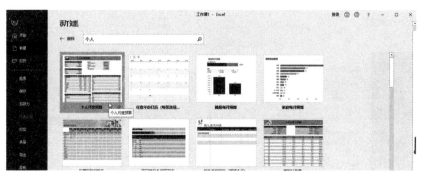

图 7-11　选择模板

7.1.2 工作表的基本操作

多个工作表组成工作簿，用户可以使用一个工作簿放置多个常用工作表，并通过设置名称、标签颜色等快速找到所需的表格。

1. 新增工作表

方法一：向后新增一个工作表。单击"+"新增工作表，此工作表在已有工作表的后方，以默认排序命名——Sheet1、Sheet2、Sheet3……

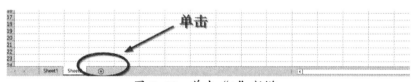

图 7-12　单击"+"新增

方法二：向前插入一个工作表。单击菜单栏的"开始"菜单，在"单元格"选项卡的"插入"下拉菜单中选择"插入工作表"，在当前工作表前方插入一个工作表，名称为默认排序名。

图 7-13　插入工作表

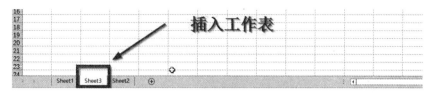

图 7-14　向前插的工作表

方法三：向前插入一个工作表。

第一步，在当前工作表标签上右击，弹出快捷菜单，单击"插入"打开插入窗口。

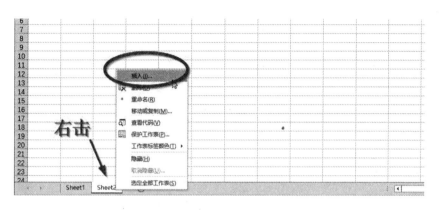

图 7-15　右击弹出菜单

第二步，在"插入"窗口中单击"工作表"后点击"确定"，即可建立默认排序名的新增工作表。

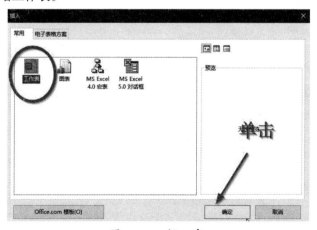

图 7-16　插入窗口

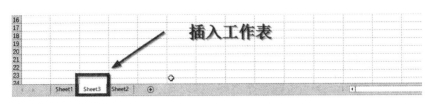

图 7-17　完成效果

2. 重命名工作表

工作表建立后，以默认排序名"Sheet　1""Sheet　2"这种名称来命名，如果想让工作表更有条理性，要对工作表以内容来命名。

方法一：

第一步，右击标签弹出快捷菜单，单击"重命名"标签，名称变为可编辑状态，输入名称后，单击任意地方即可修改成功。

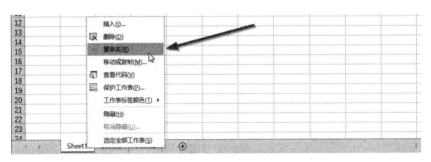

图 7-18　右击菜单

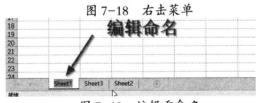

图 7-19　编辑重命名

方法二：双击标签默认名称的文字部分，让标签变为可编辑状态。修改名称操作完成后，单击任意地方确认。

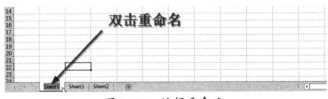

图 7-20　编辑重命名

3. 工作表的复制和移动

如果要对工作表重新排序，就要用到"复制和移动"操作。此操作可以通过窗口和拖拽两种方式实现。

（1）移动

方法一：

第一步，标签处右击，弹出快捷菜单，单击"移动或复制"，弹出操作窗口。

图 7-21　右击弹出菜单

第二步，选择需要移动的工作表，单击任意工作表，将此工作表移动到选择工作表之前；单击"移至最后"，此工作表移动到所有工作表之后。选择完成后，单击"确定"按钮完成。

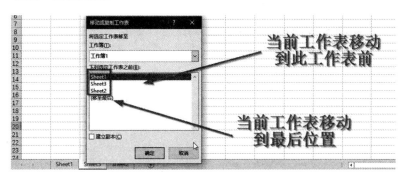

图 7-22　移动

方法二：单击需要移动的工作表，按住鼠标左键拖动到目标位置，放开鼠标左键即可。

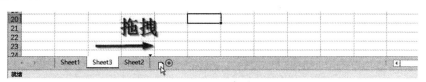

图 7-23　拖拽移动

（2）复制

方法一：

第一步，在需要复制的工作表标签处右击，弹出快捷菜单，单击"移动或复制"，弹出操作窗口。

图 7-24　复制菜单

第二步，在"下列选定工作表之前"的窗口中选择复制工作表创建位置后，勾选"建立副本"后点击"确定"，即可在所选择位置建立当前工作表副本。

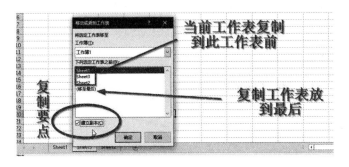

图 7-25　复制表格

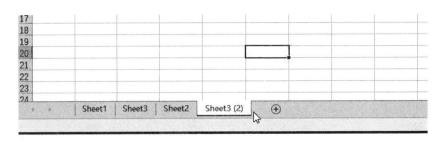

图 7-26　最终效果

方法二：单击要复制的工作表后，按住 Ctrl 键的同时按住鼠标左键拖拽，光标变为带"+"状态，在合适位置松开左键，即可建立当前工作表副本。

图 7-27 复制

4. 删除工作表

工作表不是越多越好。用户要实现工作表的排列整齐且清晰，对一些多余或者失误操作的工作表，一定要进行整理。

方法一：右击需要删除的工作表，弹出快捷菜单，选择"删除"，即可删除当前工作表。

图 7-28 右击菜单

方法二：单击菜单栏的"开始"菜单，在"单元格"选项卡中单击"删除"，跳出下拉菜单中，选择"删除工作表"。

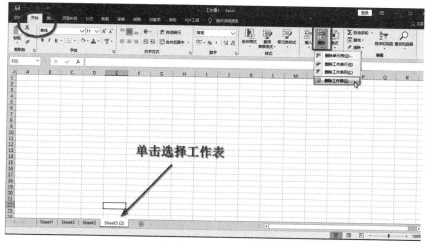

图 7-29 菜单栏删除

7.1.3 单元格基本操作

单元格即组成工作表的基本单位，也是人们进行文本数据输入的位置。

1.单元格的命名

新建的 Excel 工作簿默认打开的是有网格线的视图，网格线交叉组成的小格子称为单元格。单元格的命名方式为坐标式命名，"行" + "列"组成单元格的名字。

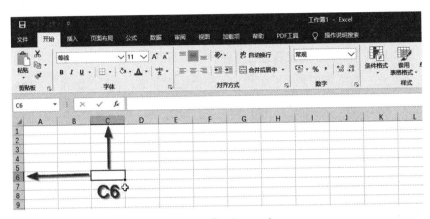

图 7-30 单个单元格命名

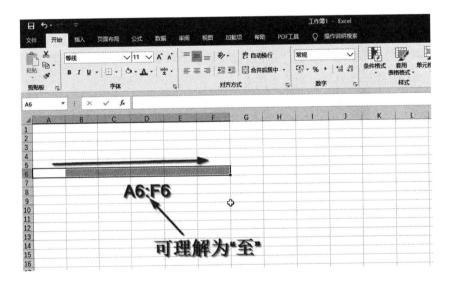

图 7-31 行列区域命名

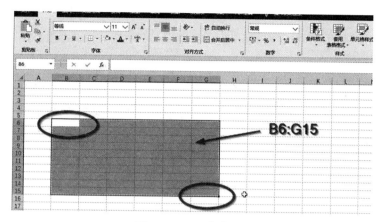

图 7-32　区域命名 2

2. 单元格文本输入

用户的所有文字、数据类输入都是通过单元格来完成的，最常用的输入方法有两种。

方法一：单击单元格直接输入文本。

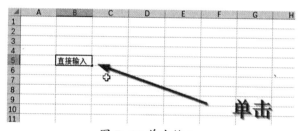

图 7-33 单击输入

方法二：单击选择单元格，在编辑栏单击输入文本。

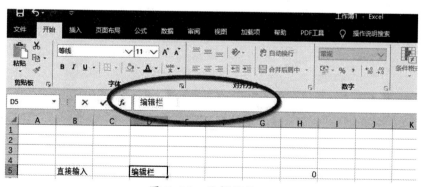

图 7-34　编辑栏输入

3. 单元格的选择

单个单元格的选择，用鼠标单击选择即可，如果要选择多个单元格，可以进行以下操作。

（1）区域选择：从一角的单元格开始，按住鼠标左键对角线拖动，到对角单元格后松开鼠标左键，选择区域变色。单行/列选择时，从起始单元格拖动到末位单元格即可。

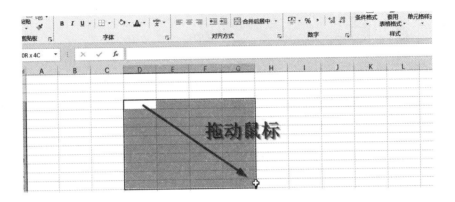

图 7-35　选择区域

（2）跳动选择：如果要选择不连续的单元格，可以按住 Ctrl 键后，单击需要选择的单元格，即可跳跃性选择单元格。

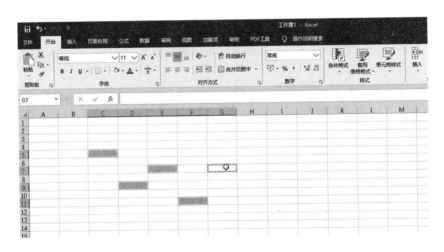

图 7-36　跳动选择

（3）整行／整列选择：指向行／列名称按钮，鼠标变为黑色向下箭头时单击，即可选择整行／整列。

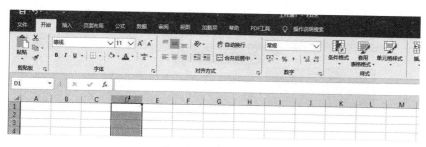

图 7-37　整列选择

4. 单元格的复制、剪切和粘贴

首先，选择好需要操作的单元格，然后按如下方法操作。

（1）复制

方法一：选择单元格，在"开始"菜单单击"剪切板"中的复制按钮复制。

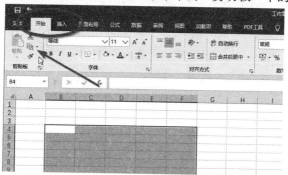

图 7-38　剪切板复制

方法二：选择单元格，在选择区域（变色区）右击，弹出快捷菜单后单击复制。

图 7-39　右击菜单

方法三：选定区域后，按组合键 Ctrl+C。

（2）剪切

方法一：选择单元格，在选择区域（变色区）右击，弹出快捷菜单后单击剪切。

图 7-40　右击菜单

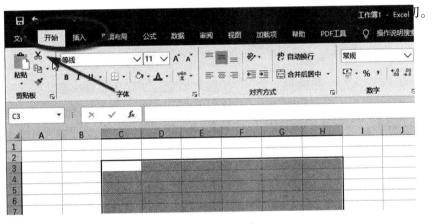

图 7-41　菜单栏剪切

方法三：选定区域后，按组合键 Ctrl+X。

（3）粘贴

粘贴是指将剪切板中"复制"和"剪切"的内容，重新粘贴到新位置。微软 Office 办公软件的粘贴分为多种，常用的有两种——保留源格式和匹配目标格式。保留源格式，即将复制/剪切的内容以原文档的格式保留，带到新地址中；匹配目标格式，指的是去掉原文档的格式，只保留文本部分，并与新地址的格式相匹配。除此之外，还可进行选择性粘贴，如"文本"只粘贴无格式文本，"图片"将原文档转换为图片粘贴，"对象"将原文档连同程序一起粘贴到新地址中……

方法一：右击目标单元格，弹出快捷菜单，单击"粘贴选项"，选择所需格式。

图 7-42　菜单粘贴

方法二：在"开始"菜单栏的"剪切板"选项卡中单击"粘贴"，选择所需格式。

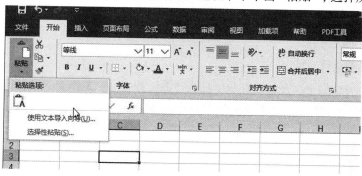

图 7-43　剪切板

方法三：选定区域后，按组合键 Ctrl+V，默认粘贴形式为"源格式文本"。内容粘贴后，区域右下角会出现"粘贴"按钮，用户可以对粘贴格式进行修改。

图 7-44　后期设置

7.1.4 冻结窗格

工作中常常会遇到工作表向下滚动看不到表头的情况，此时便可使用冻结窗格的方式来解决。当行/列或者区域被冻结后，滚动条向下移动时，冻结窗格不会移动。

1. 冻结窗格

此命令冻结的是当前行/列以上的所有窗格。单击"菜单栏"中的"视图"，在选项卡"窗口"中找到"冻结窗格"后，单击打开下拉菜单，单击选择"冻结窗格"，此时当前行以上的所有窗格被冻结，滚动条向下滚动时，当前行以上所有窗格位置不变，始终显示。

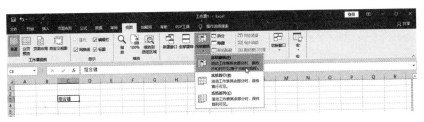

图 7-45　冻结窗格

2. 冻结首行/列

操作方法如上。在下拉菜单中选择"冻结首行"，工作表的第一行被冻结；选择"冻结首列"后，工作表的第一列被冻结。

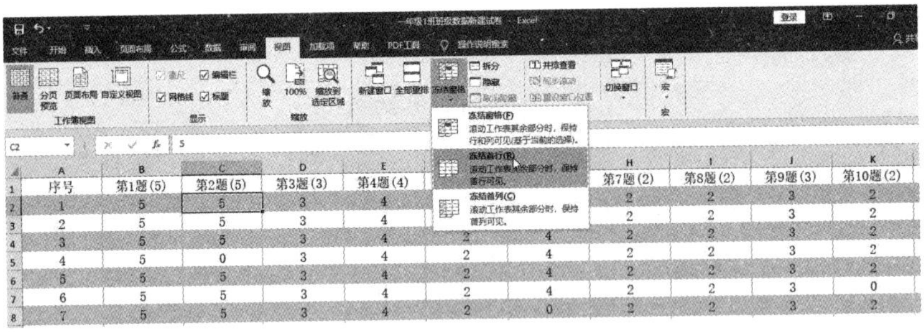

图 7-46　冻结首行

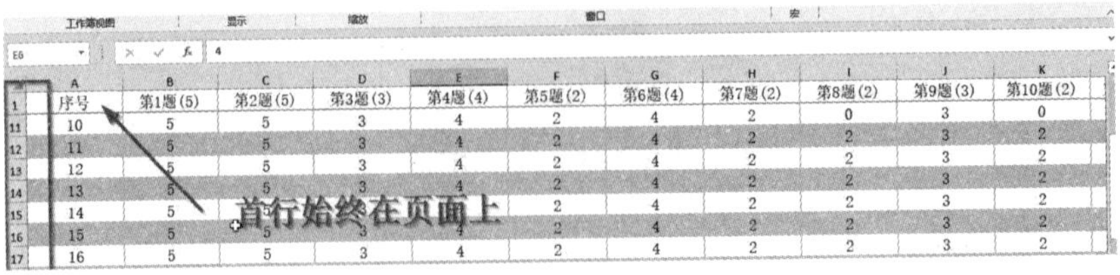

图 7-47　最终效果

7.1.5 保护工作簿/工作表

工作中时常会遇到工作簿/工作表因误操作被删或者资料丢失的现象，所以用户建立工作表后，要注意对工作表的保护设置。

1. 保护工作簿

对于工作簿的保护，就是将自己建立的工作簿设置上保护密码。

第一步，单击"菜单栏"中的"审阅"项，在选项卡"保护"中找到"保护工作簿"后单击，打开窗口。

图 7-48 "审阅"—"保护"

第二步，在"保护结构和窗口"中设置好密码，单击"确定"。再次打开文档时，只有输入密码才可操作。

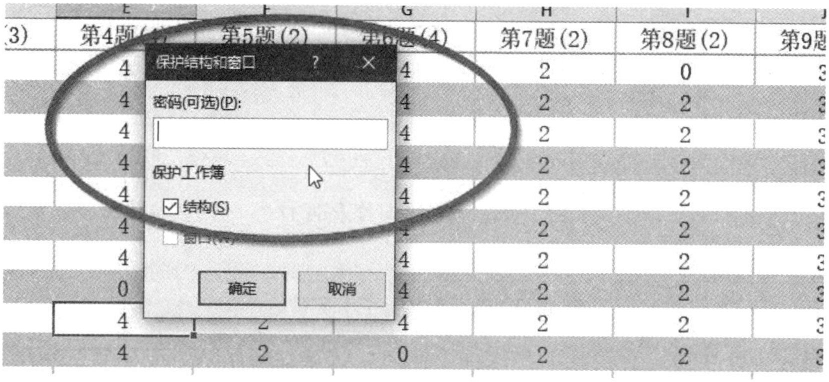

图 7-49 保护结构和窗口

2. 保护工作表

对工作表的保护是对使用者的限制，用户可以在"允许此工作表所有用户进行"窗口中选择打开工作表后允许进行的操作。如果想要进行未设置的操作，则需要输入密码才可以。

第一步，单击"菜单栏"中的"审阅"项，在选项卡"保护"中找到"保护工作表"，单击打开窗口。

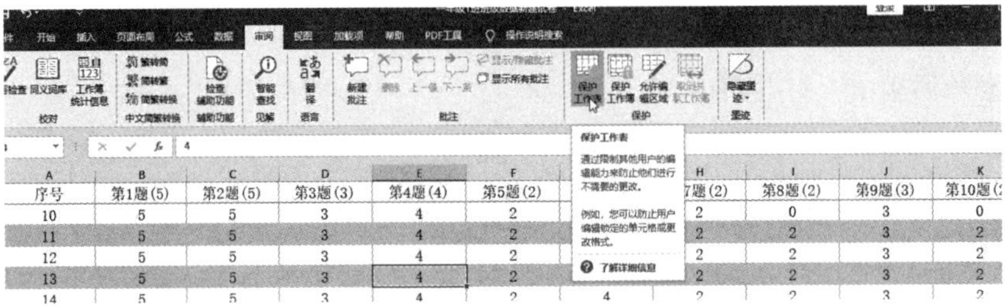

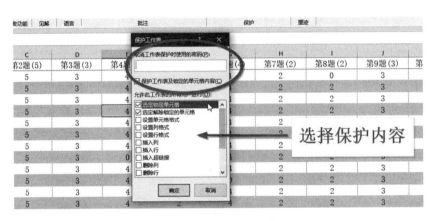

图 7-50　单击"保护工作表"

第二步，设置好修改密码，选择阅读者可以进行的操作，单击确定，设置成功。

图 7-51　保护工作表窗口

7.2 Excel 工作簿的保存及打开

做完工作表后，首要任务是保存工作簿，做好数据存储。本小节主要介绍工作簿的保存方法及再次打开时的具体操作。

7.2.1 快速保存工作簿

快速保存工作簿指的是操作过程中的习惯性保存。为避免编辑后突然断电、卡机或者其他不可预测的原因导致数据丢失，用户需要隔一段时间就保存一下。

方法一：单击"菜单栏"的"文件"选项卡，选择"保存"选项保存文档。

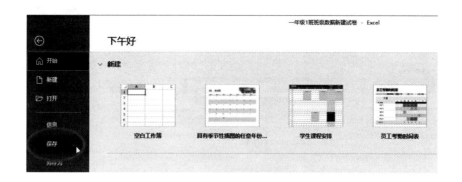

图 7-52　文件菜单

方法二：在主界面左上角快捷按钮处单击"保存"按钮保存。

图 7-53　快捷按钮

方法三：设置保存间隔自动保存。

第一步，单击"菜单栏"的"文件"选项卡，单击"选项"进入设置窗口。

图 7-54　文件菜单

第二步，在设置窗口中单击左侧导航栏的"保存"，右侧弹出设置内容。

图 7-55　选项窗口

第三步，按照自己的输入速度设置间隔时长。比如，输入慢的可以设置10分钟，输入快的可以设置 5 分钟，目的是让电脑及时保存文档。但不建议间隔时间设置太短，否则在文件处理过程中反复自动保存，造成资源浪费。

图 7-56　设置保存时间

7.2.2 工作簿另存为

"另存为"操作是为了方便用户建立工作簿副本而设置的。比如，用户需要对当前文档进行修改，却又不打算更改原文档内容时，便可将当前文档进行"另存为"操作，建立以当前文档为"模板"的新文档。用户对此文档操作时，不会影响原有文档。再如，用户需要修改工作簿的存储类型时，也可进行"另存为"操作。

第一步，单击菜单栏中的"文件"，打开"文件"窗口后，单击左侧导航处的"另存为"。

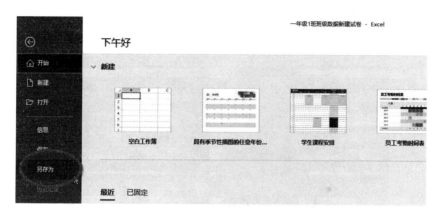

图 7-57　单击"另存为"

第二步，打开"另存为"窗口，选择存储路径，修改存储名称/类型，单击"保存"。

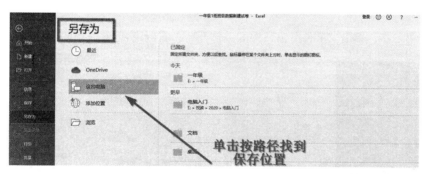

图 7-58　另存为窗口

7.2.3 打开工作簿

工作簿新建完成后，再次编辑或查看时需要进行"打开"操作。

方法一：按路径找到目标文件后，双击打开。

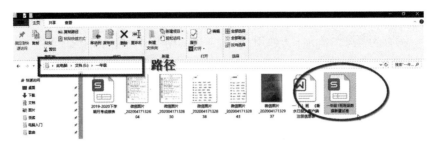

图 7-59　双击图标打开

方法二：

第一步，在"开始"菜单中打开 Excel 程序。

图 7-60　"开始"菜单

第二步，单击"文件"窗口中的"打开"，右侧跳转到"打开"窗口。

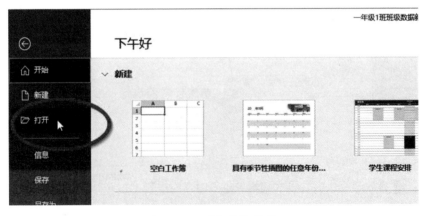

图 7-61　"文件"菜单

第三步，在"打开"窗口的导航处单击"最近"，可在右侧详情区域找到最近编辑的文档。

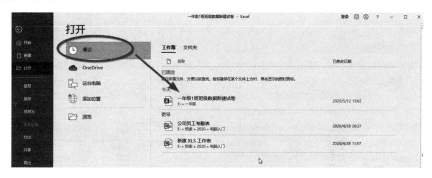

图 7-62　最近打开文档

在窗口导航处单击"这台电脑"，则可按路径打开所需的文件。

图 7-63　这台电脑

7.3 单元格格式设置

Excel 单元格的格式设置是对输入的文本、数据进行整理的重要过程。用户可以根据自己需要选择合适的预装样式，也可对单元格进行个性设置。

7.3.1 数字格式类型

输入数据时，有时会出现乱码现象，这是单元格数字格式类型设置的问题。下面先来了解 Excel 中的数字格式类型及应用。

1. 设置打开方式

选择需要设置的单元格或者区块，可用以下方法进入单元格数字格式类型设置窗口。

方法一：

第一步，在选择区域右击，弹出快捷菜单，单击"设置单元格格式"，进入设置窗口。

图 7-64　右击打开快捷菜单

第二步，在窗口中单击"数字"选项卡，选择合适格式，窗口右侧为类型举例。用户可以根据例子选择，它适合不熟悉操作的新手用户。

图 7-65　设置单元格格式

方法二：单击菜单栏的"开始"按钮，选择"数字"选项卡，单击下拉菜单打开快捷设置。此设置只有名称没有详情举例。也可单击选项卡右下角的窗口打开链接按钮，进入窗口设置。

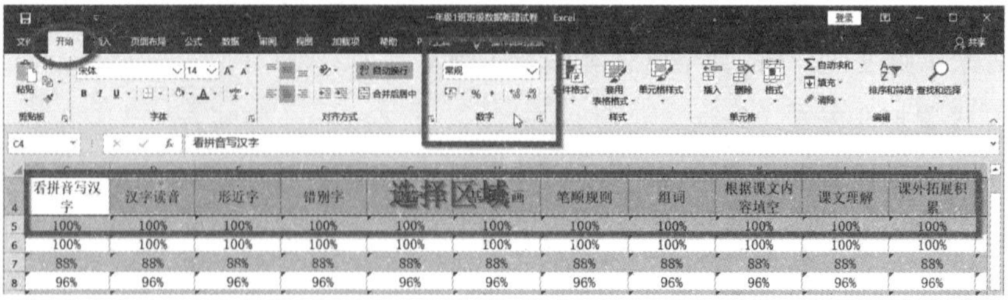

图 7-66　菜单栏"数字"

2. 类型介绍

（1）常规：此类型单元格不包含任何数字格式设置。比如输入"001"时，单元格默认输入"1"。

图 7-67　常规数字类型

（2）数值：此类型为一般数字格式，用户可以在此设置"小数位数"。比如，当将小数点设置为 2 位时，输入"001"，会默认为"1.00"。

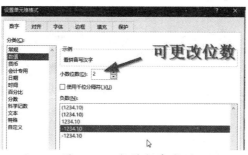

图 7-68　数值数字类型

（3）货币：此类型与数值相似，也可设置"小数位数"，并在数字前加上"货币符号"。比如输入 1 元 1 角时，设置好格式后为"¥1.10"。

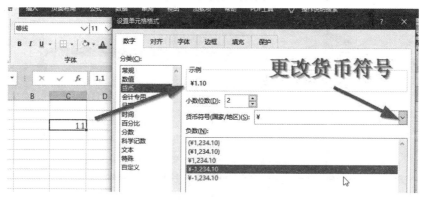

图 7-69　货币类型

（4）会计专用：此类型与货币类型设置大致相同，唯一不同的是，可以对小数点和货币符号进行对齐操作。

图 7-70　会计类型

（5）日期 / 时间：此类型可以设置不同格式的日期 / 时间格式，也可实现日期 / 时间格式的转换。例如输入当前日期"2020 年 5 月 12 日"时，用户可以通过此类型快速转换为"二〇二〇年五月十二日"或者"2020-5-12"等；当输入当前时间"16:8:59"时，可以在"时间"选项卡中转换为"下午 4 时 8 分 59 秒"。

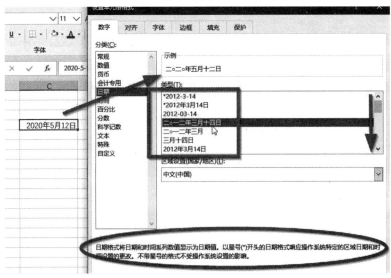

图 7-71　日期类型

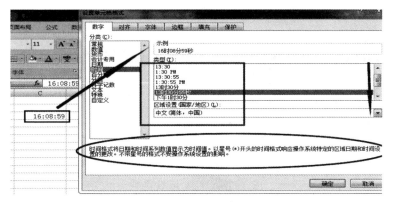

图 7-72　时间类型

（6）百分比：此类型数据转变为"%"格式，也可设置"小数位数"。比如当小数保留 2 位时，输入"10"，单元格默认显示为"1000.00%"

图 7-73　百分比类型

（7）分数：此类型会将小数自动进行分数格式的转换。如当输入分母不同的分数时，通过窗口设置可以转换为相同的分母。

图 7-74　分数类型

（8）科学计数：此类型数据以科学计数法的格式显示，如输入"12459"时，单元格默认显示为"1.25E+04"。

图 7-75　科学记数类型

（9）文本：此类型应用最多，将数据转换为文本格式显示出来。例如输入"001"时，数字常规格式显示为"1"，文本格式则会将每个数字转换成文本，显示为"001"。

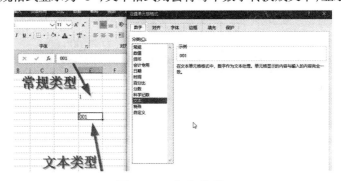

图 7-76　文本类型

（10）特殊：此类型可以将数据转换为"邮政编码""中文小写数字"和"中文大写数字"。比如输入数字"12459"时，选择"中文大写数字"，显示为"壹万贰仟肆佰伍拾玖"。

图 7-77　特殊类型

（11）自定义：此格式是以现成格式为基础生成的自定义格式。一般情况下，用户设置好格式后，窗口会自动加入自定义。

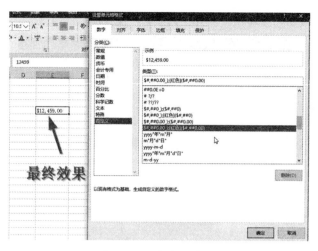

图 7-78　自定义类型

7.3.2 对齐方式

对齐方式包含内容很多，除了基本的单元格内文本或者数据对齐的方式外，用户对单元格的控制、文本的方向转换都可在此实现。设置窗口在"设置单元格格式"选项中，打开方法与"数字格式类型"设置打开方法基本相似。

1. 设置打开方式

选择需要设置的单元格或者区块，可用以下方法进入单元格"对齐"方式设置窗口。

方法一：

第一步，在选择区域右击，弹出快捷菜单，单击"设置单元格格式"进入设置窗口。

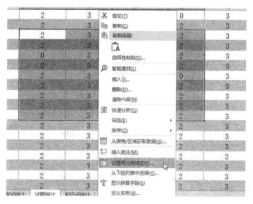

图 7-79　右击弹出

第二步，在窗口中单击"对齐"选项卡，设置需要的格式。

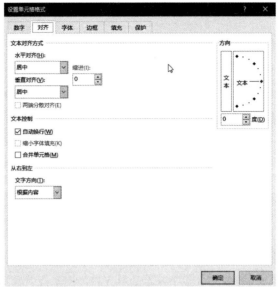

图 7-80　设置单元格格式窗口

方法二：单击菜单栏中的"开始"按钮，选择"对齐方式"选项卡，也可单击选项卡右下角的窗口打开链接按钮，进入设置窗口。

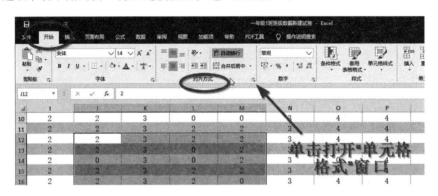

图 7-81　"开始"—"对齐方式"

2. 文本对齐方式

文本对齐方式与 Word 中的段落设置大致相似，用户可以设置不同类型的对齐。

（1）水平对齐：水平对齐是指横行对齐方式。用户可以设置"居中""两端对齐"等，也可设置"缩进"，通过右侧"缩进"设置长短数值。

图 7-82　水平对齐

（2）垂直对齐：垂直对齐指的是竖列的对齐方式。用户可以根据需要设置"靠上""居中""两端对齐"等。

图 7-83　水平对齐

3. 文本控制

文本控制指的是对单元格内的文本 / 数据进行简单的格式设置，如自动换行、合并单元格等。

图 7-84 文本控制

4. 从右到左

此窗口设置的是文字方向，用户也可通右侧"指针盘"设置文字方向。

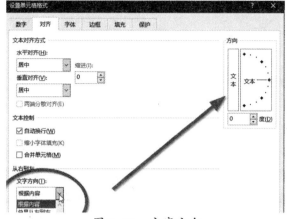

图 7-85　文字方向

7.3.3 表格预装样式应用

预装样式是 Excel 中已经设置的表格样式，用户可以直接"拿"来，用于自己的表格。

1. 设置方式

单击菜单栏中的"开始"选项，在样式选项卡中打开需要设置的预装样式。

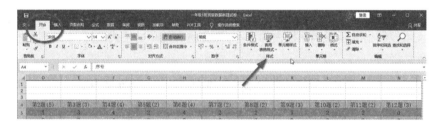

图 7-86　表格样式

2. 条件格式

以条件作为设置单元格或行/列样式的标准，如常用的突出显示、数字条等。例如，设置每月的消费对比，不用图表便可在表格中直接显示出来。

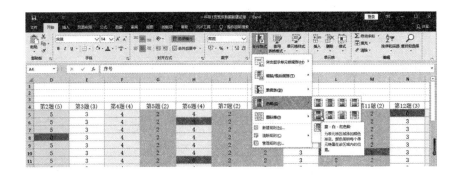

图 7-87　条件格式

3. 表格样式

完成表格文本/数据的输入操作后，用户从"套用表格格式"中选择喜欢的格式套用即可。

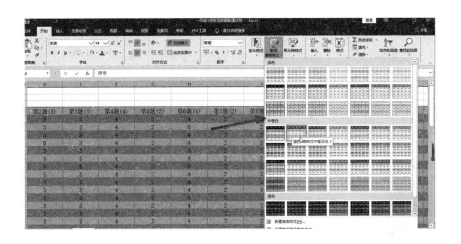

图 7-88　套用表格格式

4. 单元格样式

此功能是对单元格样式的设置，里面有已经设置好的字体、底纹等预装样式，用户可以直接套用。

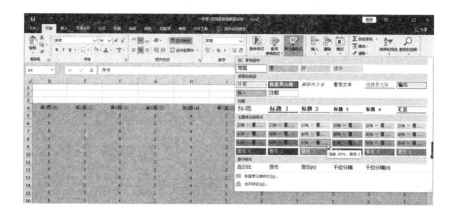

图 7-89 单元格设置

7.4 Excel 实战——制作员工信息表

上节已经详解了 Excel 的基本操作，本节主要介绍如何将基本操作运用于实际案例中，并介绍字体设置、美化表格等操作，为后期熟练操作打下基础。员工信息表是单位、公司等创建用来作为档案的电子表格，大多为储存性表格，需要随时增减，很少涉及数据处理。

第一步，新建工作簿。打开 Excel 后，建立一个新空白工作簿。

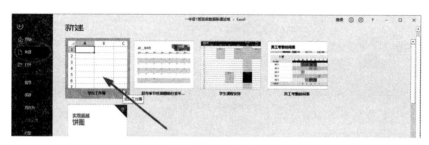

图 7-90　新建

第二步，输入参考文本。在第一行第一个单元格内输入标题文字"** 公司员工基本信息表"，第二行从第一列依次输入"序号""工号""姓名""性别""身份证号""学历""家庭住址""联系电话"及"备注"。然后，按第二行所占列数选择第一行需要合并的单元格长度，在"开始"—"对齐方式"选项卡中选择"合并后居中"，对第一行进行合并。

图 7-91　合并居中

第三步，选择第一行文字，在"开始"—"字体"选项卡中设置表头的字体、字号、加粗等项目。

图 7-92　设置字体

第四步，按以上方法设置 A2 单元格字体格式，单击选择 A2 后，鼠标指向单元格右下角的实心小方块，光标变为"+"，按住鼠标右键向右拖动，到达 I2 单元格后松开右手，从弹出的快捷菜单中选择"仅填充格式"单击确定，其他单元格与 A2 的字体相同。

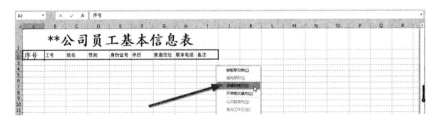

图 7-93　填充格式

第五步，在 A3 单元格中输入序号"1"，A4 单元格中输入序号"2"，拖动鼠标选择两个单元格后，鼠标指向单击单元格右下角的实心小方块，光标变为"+"时，按住鼠标左键向下拖动，数字以步长为 1 的序列方式填充到 A 列中。

图 7-94　序列填充

表格制作完毕，只需按信息要求填写员工基本信息即可。

7.5 页面布局及打印

工作表编辑完成后，除了以电子表格存档外，也可将其打印出来。本节详解电子表格的基本打印操作。

7.5.1 页面布局设置

页面布局指的是工作表的页面显示情况，"页面布局"菜单包含五大选项卡，分别是主题、页面设置、调整为合适大小、工作表选项及排列。本节以"页面设置"为重点，简单兼顾其他内容，为打印文件做好准备。

1."页面设置"窗口常用打开方法

方法一：单击菜单栏中的"页面布局"，通过"页面设置"选项卡中的快捷按钮进行简单设置。

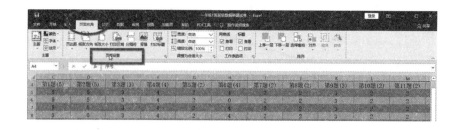

图 7-95　页面设置

方法二：单击菜单栏中的"页面布局"，打开"页面设置"选项卡，单击右下方快捷按钮，打开"页面设置"窗口。

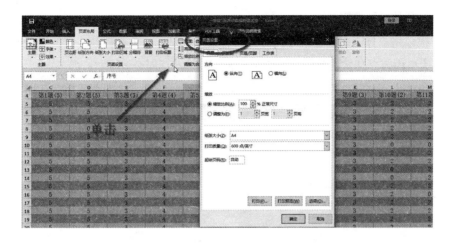

图 7-96 "页面设置"窗口

方法三：单击菜单栏"文件"菜单，在左侧导航栏中单击"打印"，此时右侧出现"页面设置"栏，也可单击下方"页面设置"链接，打开"页面设置"窗口。

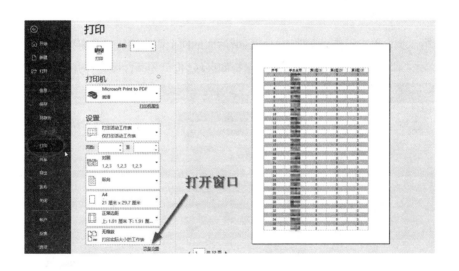

图 7-97 打印设置

2.设置方法

"页面设置"中可以设置页边距、纸张大小及纸张方向等，操作方法较为简单，在此不再赘述。需要注意的是，设置一定要与打印的格式对应，这样打印出的文件才会符合要求。

3.顶端标题设置

很多用户打印多页表格时，常常只有第一页显示表头及标题，其他页的开头便是表格内容。其实，每页显示标题和表头也是在页面设置中完成的。

第一步，打开"页面设置"窗口，单击"工作表"，打开工作表选项卡。

图 7-98 工作表设置

第二步，单击工作表选项中打印区域后面的向上箭头按钮，此窗口缩小，光标变为空心"+"字光标，按住鼠标左键画出打印区域。也可先画区域后打开"页面设置"。

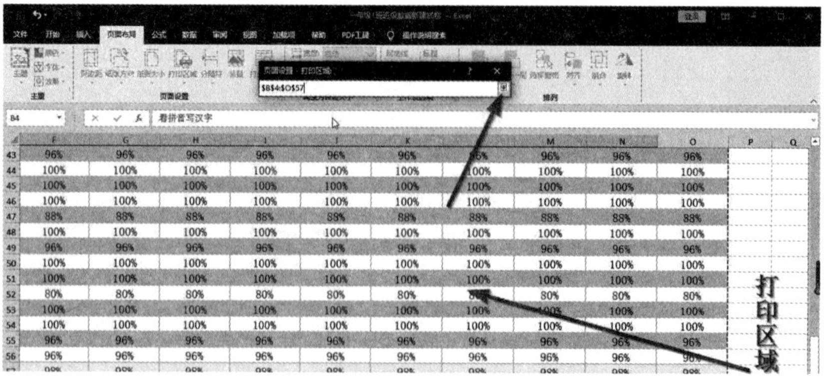

图 7-99 打印区域

第三步，以相同的方法选择"工作表"的"顶端标题行"，单击"展开"按钮打开页面设置窗口，单击"确定"返回。

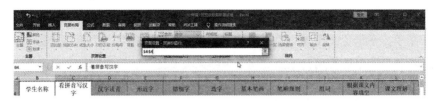

图 7-100　标题行置顶

第四步，此时单击"文件"菜单，打开"打印"选项卡，右侧打印预览可以看到标题行在每一页中都有显示。

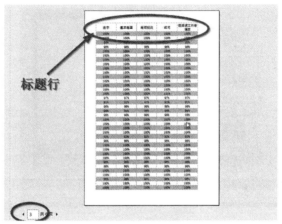

图 7-101　效果预览

7.5.2 打印操作

打印是将工作表通过打印机变为纸质表格。本节主要介绍打印前的设置，包括表格框线、纸张方向、类型等。

1. 添加表格框线

Excel工作表中，在网格线视图下，用户可以看到单元格的网格线。但打印时是没有框线的，如果需要加框线，则要自己添加。

方法一：单击菜单栏中的"页面布局"，打开页面布局选项卡，在"工作表选项"中"网格线"下方单击选择"打印"。标题栏的每页置顶也可在此处设置。

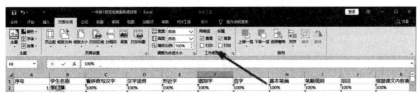

图 7-102　网格线

147

方法二：在菜单栏"开始"菜单下的"字体"选项卡中，单击"边框"打开下拉菜单，在预定义设置"边框"中单击设置边线。需要注意的是，有些预定义边线设置只能单独使用，不能混用，否则无法设置。如单击选择"粗外侧框线"后又单击"所有框线"，前一种框线设置就会被撤销。

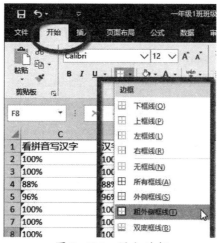

图 7-103　添加边框

方法三：

第一步，单击"开始"—"字体"—"边框"下拉菜单中的"绘制边框"，可以手动绘制边线和框线。如果需要取消的话，单击"擦除"即可。同时，也可在此设置线条颜色及线型。

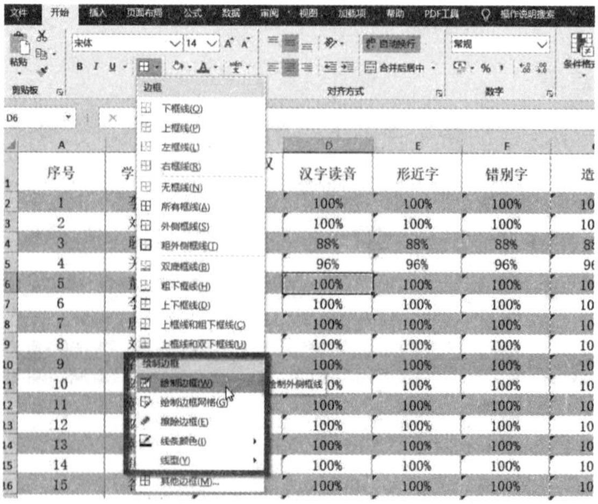

图 7-104　绘制边框

第二步，光标变为画笔后，按住鼠标左键，拖动光标画出边线范围。

序号	学生名称	看拼音写汉字	汉字读音	形近字	错别字	造字	基本笔画	笔顺规则	组
1		100%	100%	100%	100%	100%	100%	100%	
2		100%	100%	100%	100%	100%	100%	100%	10
3		88%	88%	88%	88%	88%	88%	88%	8
4		96%	96%	96%	96%	96%	96%	96%	9
5		100%	100%	100%	100%	100%	100%	100%	
6		100%	100%	100%	100%	100%	100%	100%	10
7		100%	100%	100%	100%	100%	100%	100%	
8		100%	100%	100%	100%	100%	100%	100%	
9		100%	100%	100%	100%	100%	100%	100%	
10		100%	100%	100%	100%	100%	画笔流标		
11		100%	100%	100%	100%	100%	100%	100%	
12		100%	100%	100%	100%	100%	100%	100%	10
13		100%	100%	100%	100%	100%	100%	100%	
14		100%	100%	100%	100%	100%	100%	100%	
15		100%	100%	100%	100%	100%	100%	100%	

图 7-105　画边线

方法四：

第一步，单击"开始"—"字体"—"边框"下拉菜单中的"其他边框"，打开"设置单元格格式"窗口。

图 7-106　其他边框

第二步，单击"预置"可以快速给表格加上框线。如果想自定义添加，用户可在"边框"中单击"文本"预览框加上边线。

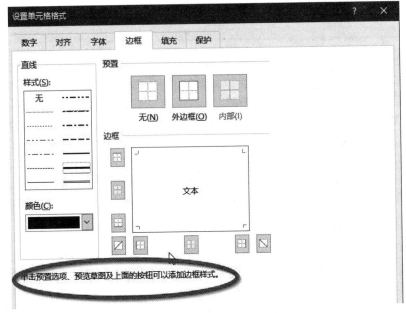

图 7-107　设置单元格格式窗口

2.页面设置

第一步，打开"页面设置"窗口（操作方法参考上一节），在"页面"选项卡中设置"方向"和"纸张大小"等。

图 7-108　方向和纸张大小

第二步，单击打开"页边距"选项卡，设置好文本与页边的距离，中间有表格预览图，用户可以参考打印出的效果。如果不想设置数据，也可通过"居中方式"选择"水平"或"垂直"居中。

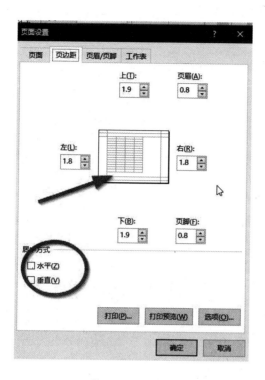

图 7-109　页边距

第三步，设置完毕后，单击"打印预览"进入打印预览界面。在此界面中，用户通过预览依然可以再次对页面进行设置。如果预览无误后，可以单击"打印机"，设置可以打印的机器，最后确定好打印份数，单击"打印"即可。

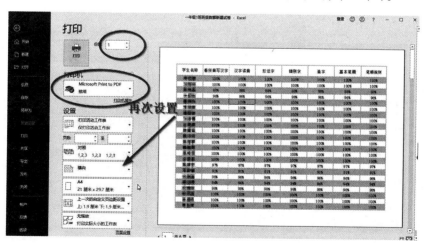

图 7-110　打印预览

第八章

工作表的插入操作

Excel 主工作区的工作表除了文本、数据输入外，还需要增加一些"插入"操作，如图片、图表等。

8.1 插图操作

Excel 中可以插入多种图片类型，如形状、图标、组织结构图等，基本操作与 Word 相同。单击菜单栏的"插入"标签，弹出若干选项卡，其中"插图"选项卡包括本节的所有操作。

8.1.1 图片

图片指的是格式为".jpg"".bmp"等类型的文件，单击"图片"调出下拉菜单，用户可以选择"此设备"及"联机图片"两种插入点。

图 8-1　插入图片

"此设备"指本台计算机中的图片，用户可以通过路径查找所需图片，单击"插入"即可。

图 8-2　插入图片窗口

"联机图片"即 Office 提供的联机共享图片，它不存在于此电脑中，用户需要时可以联机搜索寻找并单击选择，最后单击"插入"即可。

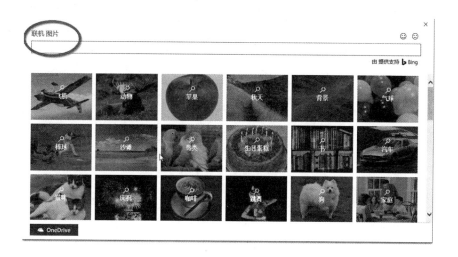

图 8-3　联机图片

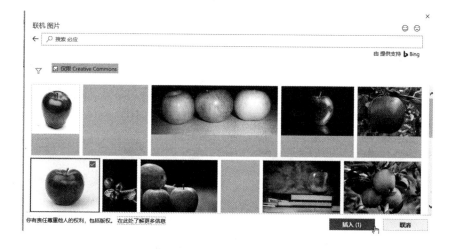

图 8-4 图片选择

8.1.2 形状

形状是指固定画好的各类型线条及封闭线条形状，除基本形状外，标注常用形状也是由此插入的。

第一步，单击"形状"下拉菜单，选择自己需要的形状。

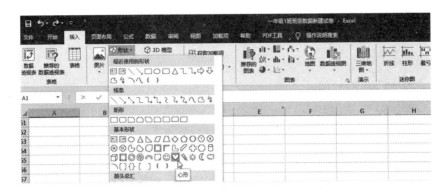

图 8-5　选择形状

第二步，此时光标变为"+"字，在合适位置按住鼠标左键拉动，拖动到合适大小后松开。

图 8-6　拖动画图

第三步，形状画好后，菜单自动跳转到"绘图工具"中的"格式"菜单，用户可以通过此菜单更改形状的样式和大小。

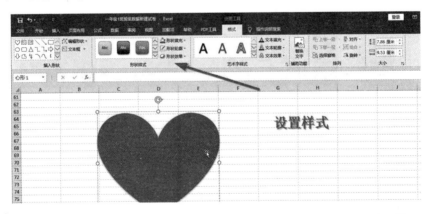

图 8-7　设置图形

8.1.3 图标

图标与形状不同之处在于，图标是一些小型的图片标志，也可以说是一些可以填充的简笔画。

第一步，单击图标，调出图标选择框，从左侧分类导航中选择合适分类，在右侧选择合适的图标单击，最后单击"插入"，即可在工作表中插入此图标。

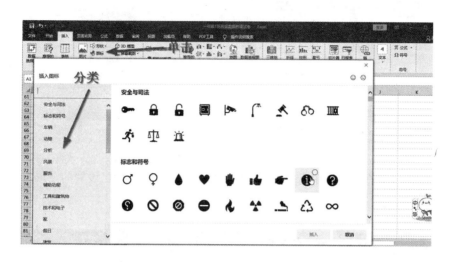

图 8-8　插入图标

第二步，插入图标后，菜单栏自动跳转到"绘图工具"中的"格式"菜单，用户可以通过此菜单改变图标的样式和大小。

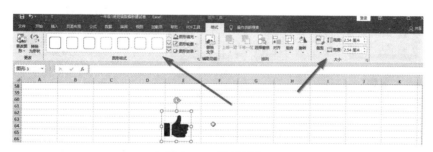

图 8-9　设置图标

8.1.4 SmartArt 图形

SmartArt 图形创建的是一些组织结构图，它适用于制作各种文案，使文案更加清晰。

第一步，单击"SmartArt"，打开图形选择窗口。

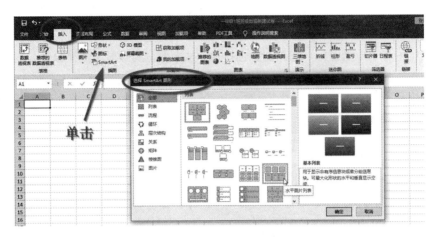

图 8-10　插入 SmartArt 图形

第二步，在窗口中单击左侧相关类型的导航，打开右侧已设置的图形，单击图形插入。

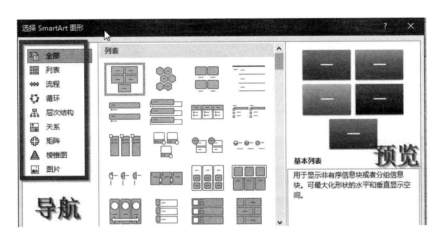

图 8-11　选择图形

第三步，图形插入后，按要求填充合适的内容，单击选择该项图形，菜单栏自动跳转到"SmartArt 工具"中的"设计"选项卡，用户可以通过此选项卡改变图形的版式、样式等。

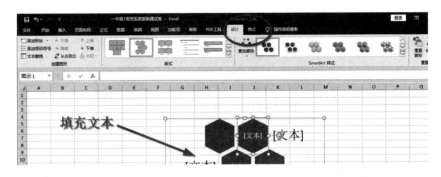

图 8-12　填充文本

8.2 插入图表

插入图表操作是 Excel 工作表中最常见的。此功能可以制作多种统计图，在工作中十分实用。插入图表之前，最好选择需要做成图表的数据表格。

8.2.1 基本图表

Excel 统计图的样式有多种，用户可在这些样式中寻找所需要的。

1. 利用推荐图表插入

第一步，选择数据表格，单击菜单栏中的"插入"选项卡，在"图表"中单击"推荐的图表"，打开"插入图表"对话框。

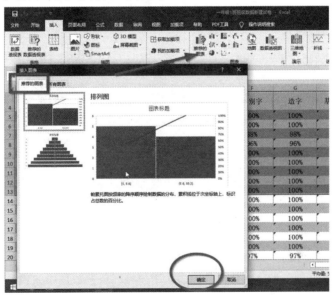

图 8-13　选择图表

第二步，软件会自动推荐一些图表，用户可以直接选择，单击"确定"插入图表。也可通过"所有图表"选择自己需要的图表。

图 8-14　推荐图表

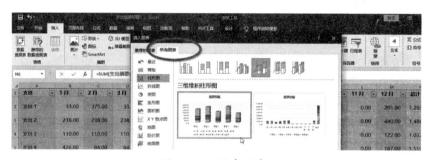

图 8-15　所有图表

2. 快捷按钮插入

选择图表后，点击"插入"—"图表"中的图表按钮，直接单击插入图表。

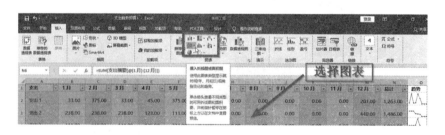

图 8-16　快捷按钮插入图表

8.2.2 数据透视图

数据透视图是一种分析数据的图表，用户可以单选数据中的项目，对其用图表进行分析。

　　第一步，选择分析区域，单击"插入"—"图表"中的"数据透视图"，打开创建数据透视图窗口。

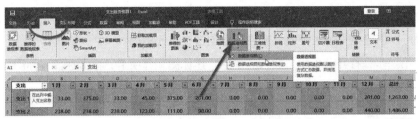

图 8-17　插入数据透视图

第二步，在"创建数据透视图"窗口中选择图表区域和创建位置，单击"确定"。

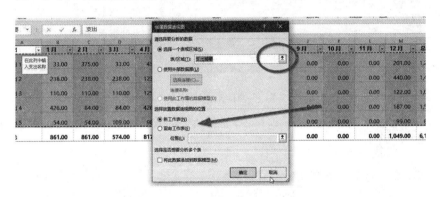

图 8-18　创建数据透视图

　　第三步，"新工作表"创建，指在当前工作表前重新建立新的工作表透视图。用户可以通过手动操作选项，查看各数据分析图表。

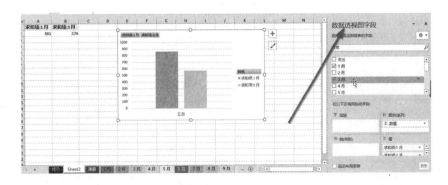

图 8-19　选择字段

也可在"现有工作表"中建立。单击选择"现有工作表"，要在现有工作表中选择合适位置来放置透视图，单击确定透视图，即可在此区域创建。

8.2.3 迷你图表

迷你图表建立方法相对较为简单，它可以快速建立。它和图表的区别在于，图表可以创建在一个区域内，迷你图则创建在单元格内。

第一步，打开菜单栏"插入"中的"迷你图"选项卡，单击选择迷你图按键，打开"创建迷你图"窗口。

图 8-20 创建迷你图

第二步，在"创建迷你图"窗口中，选择所需的数据范围和位置范围，单击"确定"即可插入。

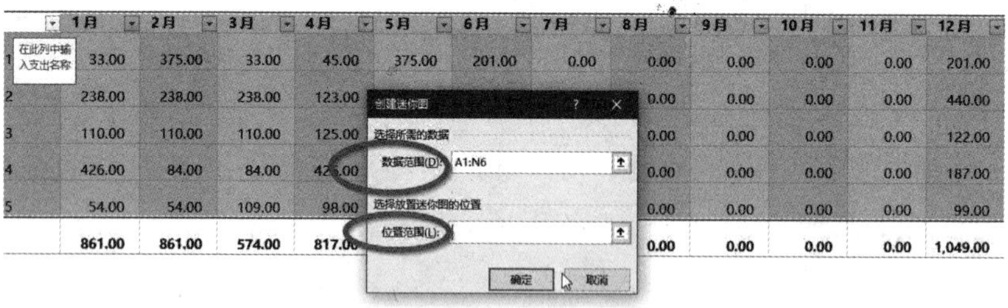

图 8-21 设置范围

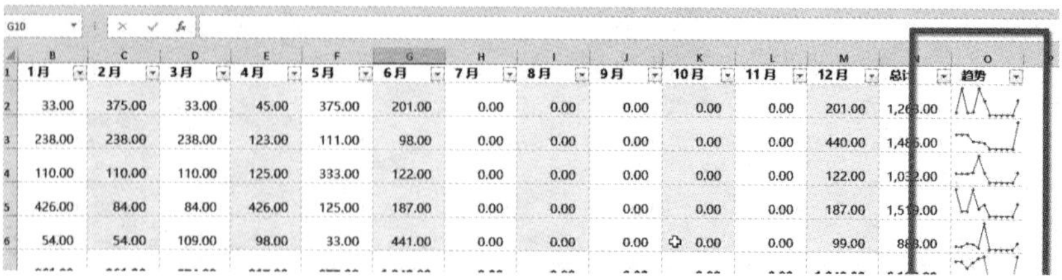

图 8-22 最终效果

8.3 插入文本

Excel 中的文本类插入分为文本框、页眉和页脚、艺术字、签名行等。本节主要介绍这类文本的插入及设置情况。单击"插入"菜单,在"文本"选项卡中单击打开下拉菜单,选择合适选项进行操作。

8.3.1 文本框

第一步,单击"文本"选项卡中的"文本框"图标按钮,用户可以选择绘制横排文本框和竖排文本框。

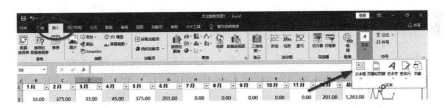

图 8-23 插入文本框

第二步,在文本框中输入文本,拖动四角的圆圈方向控制柄拉动文本框大小。这两种文本框的不同,指的是文本排列方式不同。

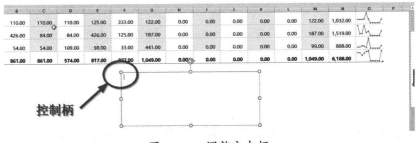

图 8-24 调整文本框

8.3.2 页眉和页脚

方法一:

第一步,单击"文本"选项卡中的"页眉和页脚"按钮,页面跳转到"页面布局"视图。

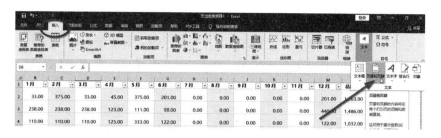

图 8-25　插入页眉和页脚

第二步，在"页面布局"窗口的页眉/页脚输入状态，用户可以在此输入页眉/页脚文本，完成设置后，在"工作簿视图"下单击"普通"视图，即可回到原工作簿状态。

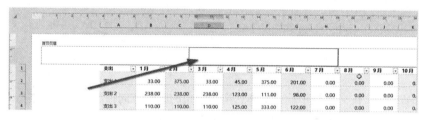

图 8-26　输入页眉

方法二：

第一步，单击菜单栏的"视图"选项标签，在"工作簿视图"选项卡中单击选择"页面布局"。

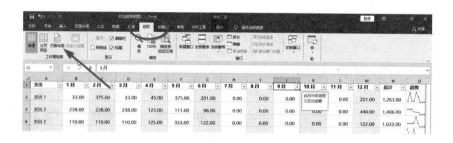

图 8-27　单击页面布局视图

第二步，单击页眉/页脚位置，光标转换为编辑状，输入文本即可。

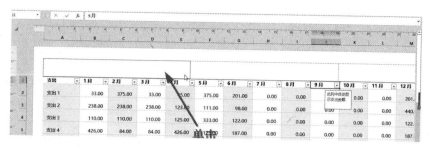

图 8-28　输入页眉

8.3.3 艺术字

艺术字指的是已经设置好格式的文字，便于用户设置文本格式，较为便捷。此文字不受单元格的限制，可以随意移动和改变大小。

第一步，单击"文本"选项卡中的"艺术字"，打开下拉菜单选择合适的样式，单击"A"插入艺术字编辑框。

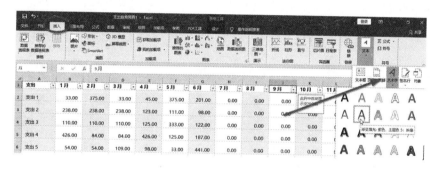

图 8-29　插入艺术字

第二步，在编辑框中输入文本，单击任意位置即可显示艺术字。

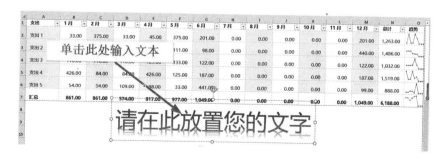

图 8-30　输入文本

第九章

Excel 公式和函数

函数是 Excel 办公程序中重要的组成部分。很多人使用 Excel 输入数据，运用的就是此软件可以自动化处理各种数据。而且，这种函数为窗口化按钮式操作，用户不需背太多公式，就可以高效便捷地完成工作。

9.1 Excel 公式

公式是 Excel 进行数据计算的重要手段，单元格数据的处理也是通过公式来完成的。

9.1.1 什么是公式

公式，简单来说就是运算符、数值等组成用于处理数据的式子。将数据做加法计算时，在 Excel 中能用公式简单、快捷地完成，即将单元格中的数据依次加起来，A1+A2+A3+A4 就是一个 Excel 公式，在编辑栏开头输入"="后，再输入单元格与运算符，此单元格的数据就是公式计算得到的结果。

总而言之，带公式的单元格编辑栏中显示的是公式，单元格显示的是计算结果。编辑栏中的公式由以下部分组成。

1. 公式起始符"="。普通单元格输入时，编辑栏直接显示的是文本，带公式的单元格数据、文本之前要有"="来引导。

2. 运算符。例如数学运算符，如"+"表示相加，"－"表示相减等。

文本运算符
两个或多个值串起来的一个连续的文本值，此运算符最常用的就是文本连接运算符：&。

算数运算符
数学中常用的按运算先后顺序计算的运算符，如加、减、乘、除、负号、百分号及幂。

比较运算符
用于比较两值的运算符，结果返回TRUE或FLASE。常与逻辑函数搭配，最常用的有大于、小于、等于、大于等于、小于等于、不等于。

图 9-1　运算符

3. 数据和文本。

4. 函数（下一节会详解）。

9.1.2 公式的应用

运用公式计算数据，先要确定显示结果的单元格位置，然后再注意单元格编辑栏中的起始符"="。下面用具体的例子来介绍公式的应用。

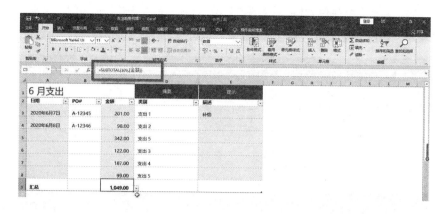

图 9-2 求和公式

图 9-3 计数公式

9.2 Excel 函数

确切来说，函数是预定义好的公式，由函数名、左圆括号、以逗号分隔符的参数和右圆括号组成。参数可以是数字、文本、逻辑值、数值和函数等，它是函数的核心部分，参数间的分隔符一般是逗号，左右圆括号也要成对出现，且不能出现空格。

9.2.1 快速运用函数

函数的打开方法有以下几种：

方法一：单击结果单元格，从菜单"公式"选项卡的"函数库"中单击所需的函数，打开函数设置窗口。

图 9-4 函数库

　　方法二：单击结果单元格，从菜单"开始"选项卡的"编辑"中，单击"自动求和"下拉菜单，快速进行求和、平均值等计算，也可单击"其他函数"打开函数窗口。

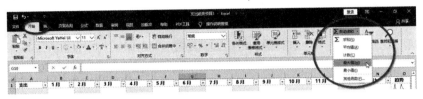

图 9-5　自动求和

　　方法三：单击结果单元格，在此单元格的编辑栏中直接输入公式代码计算。

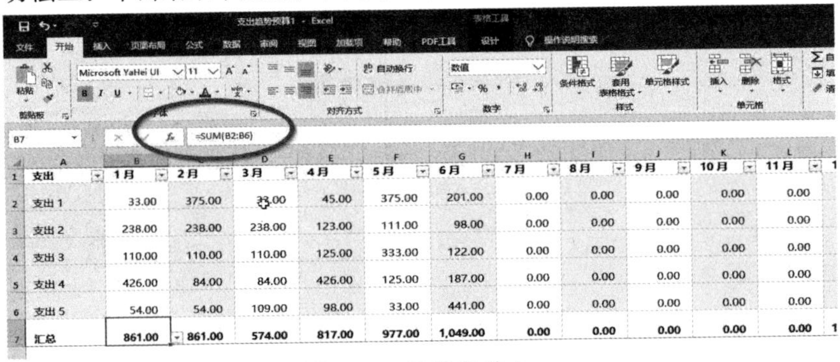

图 9-6　编辑栏输入

9.2.2 常用函数

　　普通用户常用的函数一般是求和、平均值、计数、最大值和最小值等。

1. 求和

　　即自动求和，用户选择需要计算的行/列，单击"自动求和"，此时结果显示到所选数据的下一行/列中。函数代码为"=SUM()"。

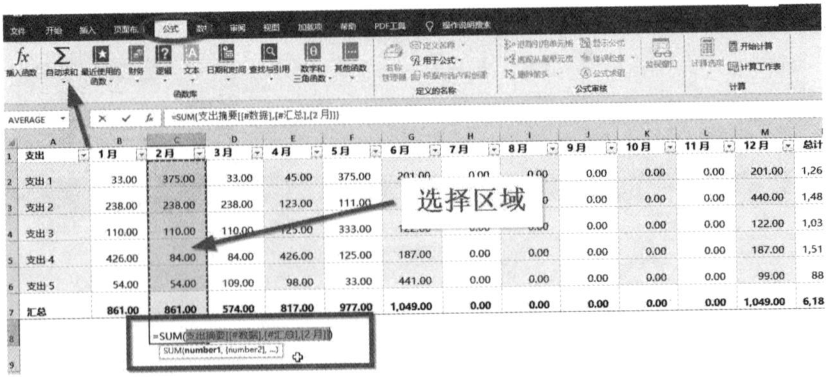

图 9-7　求和函数

2. 平均值

即数据的平均数，操作方法与"自动求和"相同，只是结果显示为平均值。函数代码为"=AVERAGE()"。

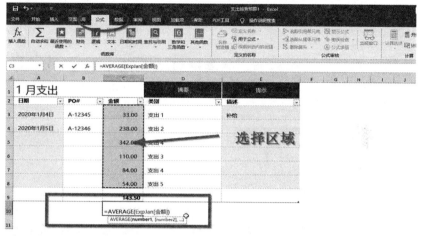

图 9-8　平均值

3. 计数

计数为计算个数，像数数一样，此公式可以计算选择区域的数值个数。函数代码为"=COUNT()"。

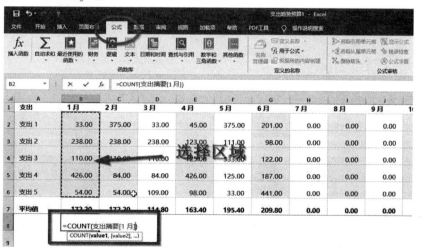

图 9-9　计数函数

4. 最大值 / 最小值

此函数为比较函数，将选择区域内数据的最大值 / 最小值显示出来。函数代码为："=MAX()"和"=MIN()"。

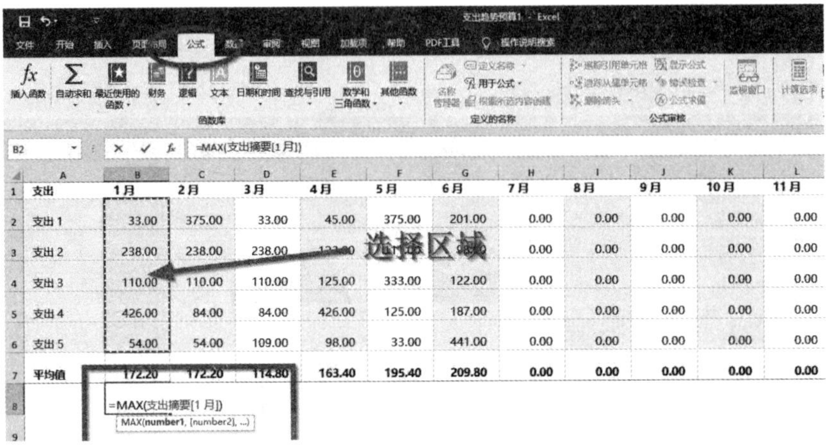

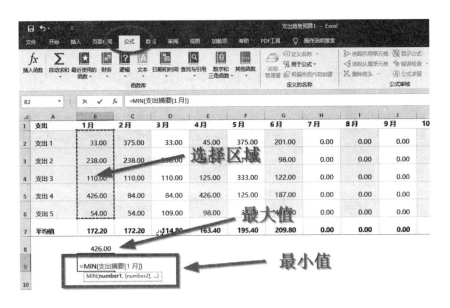

图 9-10　最大值函数

图 9-11　最小值函数

9.2.3 逻辑函数

逻辑函数是简单的逻辑命令，用来判断真假值，或者进行复合检验。Excel 中提供了 6 种逻辑函数，即 AND、OR、IFS、FALSE、IF、TRUE 函数。用户了解函数的格式后，便可快捷运用这些函数解决实际问题。

1. 条件判断——IF

语法格式为：IF（判断条件，满足后结果 A，不满足则结果 B）。

IF 函数在 Excel 中运用最广，很多人称其为逻辑判断的王者，通俗解释来说，是一种"如果……就……"的逻辑运用。如果满足条件，就会出现结果 A；不满足，则出现结果 B。

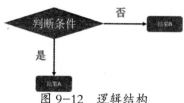

图 9-12　逻辑结构

简单来说，IF 函数是对判断条件结果非是即否的判断。下面以一份成绩表为例，介绍此函数的应用。

排名	成绩	最高分差	平均分差	正确率	
1	100.0	0.0	2.1	100%	1
2	100.0	0.0	2.1	100%	
3	100.0	0.0	2.1	100%	
4	100.0	0.0	2.1	100%	
5	100.0	0.0	2.1	100%	
6	100.0	0.0	2.1	100%	
7	100.0	0.0	2.1	100%	
8	100.0	0.0	2.1	100%	
9	100.0	0.0	2.1	100%	
10	100.0	0.0	2.1	100%	
11	100.0	0.0	2.1	100%	
12	100.0	0.0	2.1	100%	
13	100.0	0.0	2.1	100%	
14	100.0	0.0	2.1	100%	
15	100.0	0.0	2.1	100%	
16	100.0	0.0	2.1	100%	

图 9-13　学生成绩表

在此成绩表中，需要对成绩为 100 分以下的学生进行筛选，先来看逻辑分析图。

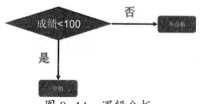

图 9-14　逻辑分析

第一步，选择需要判断的单元格，单击菜单栏中的"公式"，打开函数选项卡，在"函数库"选项卡中单击"逻辑"打开下拉菜单，在此找到"IF"函数单击，即可打开函数参数窗口。

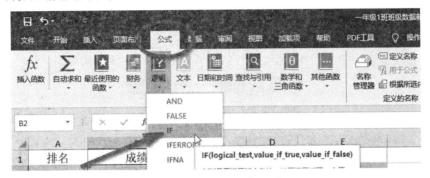

图 9-15 打开"IF"函数

第二步，在"函数参数"窗口中，填写判断条件："B2>=100"，判断值为是时返回"空值"，判断值为否时返回"不合格"，单击确定进行条件判断。

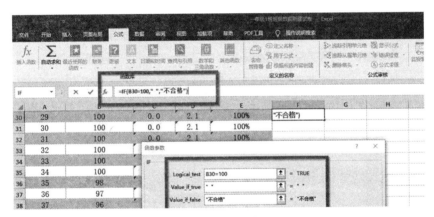

图 9-16 填写参数

第三步，单击带函数的单元格，单击格右下角出现实心小方块，鼠标指向此标志，光标变为实心"+"字，按住鼠标右键向下拖动，在弹出的快捷菜单中选择"不带格式填充"。

图 9-17 填充

	A	B	C	D	E	F	G	H	I
30	29	100	0.0	2.1	100%				
31	30	100	0.0	2.1	100%				
32	31	100	0.0	2.1	100%				
33	32	100	0.0	2.1	100%				
34	33	100	0.0	2.1	100%				
35	34	100	0.0	2.1	100%				
36	35	98	2.0	0.1	98%	不合格			
37	36	97	3.0	-0.8	97%	不合格			

图 9-18　函数判断结果

2. 多条件成立——AND

语法格式为：AND（条件1，条件2，…）。

此函数判断的是，多个条件是否同时成立。如果满足多个条件，则返回值为真，其中哪怕有一个条件不成立，返回值也会为假。下面以"计算超支"的具体例子介绍操作方法。

第一步，选择目标单元格后，单击"公式"打开菜单，单击"函数库"中的"逻辑"函数打开下拉菜单，单击"AND"选择函数。

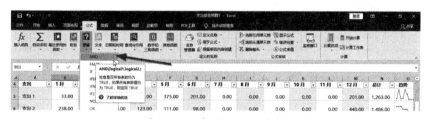

图 9-19　打开 AND 函数

第二步，打开"函数参数"窗口设置参数，首先计算出"1月份每项支出超出100元则返回真值"，计算1月是否超支。设置完成后，单击"确定"。

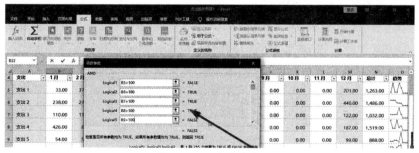

图 9-20　设置参数

第三步，向右拖动单元格右下角实心块，填充其余月份查看情况。

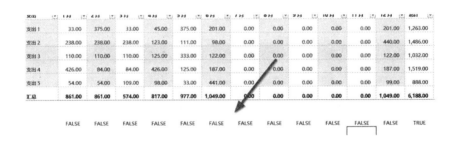

图 9-21　填充公式

第四步，查看返回值。返回真值，单元格月份则超出计划支出；返回假值，没有超出支出。

支出	1月	2月	3月	4月	5月	6月	7月	8月	9月	10月	11月	12月	总计
支出 1	33.00	375.00	33.00	45.00	375.00	201.00	0.00	0.00	0.00	0.00	201.00	1,263.00	
支出 2	238.00	238.00	238.00	123.00	111.00	98.00	0.00	0.00	0.00	0.00	440.00	1,486.00	
支出 3	110.00	110.00	110.00	125.00	333.00	122.00	0.00	0.00	0.00	0.00	122.00	1,032.00	
支出 4	426.00	84.00	84.00	426.00	125.00	187.00	0.00	0.00	0.00	0.00	187.00	1,519.00	
支出 5	54.00	54.00	109.00	98.00	33.00	441.00	0.00	0.00	0.00	0.00	99.00	888.00	
汇总	861.00	861.00	574.00	817.00	977.00	1,049.00	0.00	0.00	0.00	0.00	1,049.00	6,188.00	

FALSE　FALSE　FALSE　FALSE　FALSE　FALSE　FALSE　FALSE　FALSE　FALSE　FALSE　FALSE　TRUE

图 9-22　函数返回结果

3. 有条件成立——OR

语法格式为：OR（条件 1，条件 2，…）。

OR 函数与 AND 函数都是多条件判断：AND 函数返回逻辑值为真，结果必须多条件同时满足；OR 函数只需满足其中一个条件，返回逻辑值则为真。下面以查看"个别支出超支"的例子观察 OR 函数的具体操作：

第一步，选择目标单元格，单击"公式"打开菜单，单击"函数库"中的"逻辑"函数，打开下拉菜单，单击"OR"选择函数。

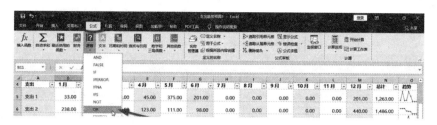

图 9-23　打开 OR 函数

第二步，打开"函数参数"窗口，设置参数，首先计算出"1月份是否有超出300元的支出项"，有支出项则返回真值，没有则返回假值，设置完成后单击"确定"。

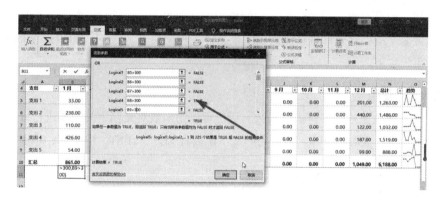

图 9-24　设置参数

第三步，向右拖动单元格右下角实心块，填充其余月份查看情况。

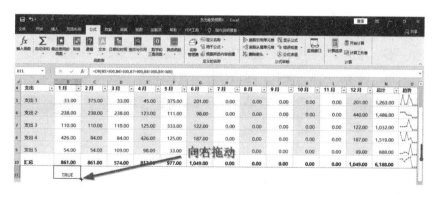

图 9-25　填充公式

第四步，查看返回值。返回真值，单元格月份则有单项超支；返回假值，则没有超出支出。

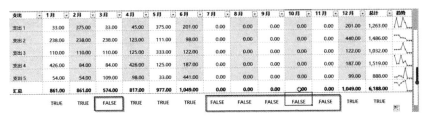

支出	1月	2月	3月	4月	5月	6月	7月	8月	9月	10月	11月	12月	总计	趋势
支出1	33.00	375.00	33.00	45.00	375.00	201.00	0.00	0.00	0.00	0.00	0.00	201.00	1,263.00	
支出2	238.00	238.00	238.00	123.00	111.00	98.00	0.00	0.00	0.00	0.00	0.00	440.00	1,486.00	
支出3	110.00	110.00	110.00	125.00	333.00	122.00	0.00	0.00	0.00	0.00	0.00	122.00	1,032.00	
支出4	426.00	84.00	84.00	426.00	125.00	187.00	0.00	0.00	0.00	0.00	0.00	187.00	1,519.00	
支出5	54.00	54.00	109.00	98.00	33.00	441.00	0.00	0.00	0.00	0.00	0.00	99.00	888.00	
汇总	861.00	861.00	574.00	817.00	977.00	1,049.00	0.00	0.00	0.00	0.00	0.00	1,049.00	6,188.00	
	TRUE	TRUE	FALSE	TRUE	TRUE	TRUE	FALSE	FALSE	FALSE	FALSE	FALSE	TRUE	TRUE	

图 9-26　函数返回结果

3. 分类返回值——IFS

语法格式为：IFS（条件 1，结果 1，条件 2，结果 2，…）。

IFS 函数是 Excel　2019 新增的函数，它类似于 OR 函数，但返回值不是逻辑真与假，而是真假对应的结果。它的使用方法和 IF 函数大致相同，不过 IF 函数只能嵌套 7 层，它允许最多测试 127 个条件。相比而言，Excel　2019 新增的 IFS 函数更为实用。

9.2.4 文本函数

文本函数是处理字符串的函数，用户可以用函数对文档中的文本进行处理，如计算长度、截取字符等。最常用的文本函数有 LEN、LEFT、RIGHT、MID 等。

1. 文本长度——LEN

语法格式为：LEN（参数）。

此函数在 Excel 中十分实用。虽然计算字符的长度对分析数据没有意义，但它与其他函数结合使用，则会变得更为实用。比如，制作的报表需要对应模板，否则无法上传，此时可以用数据验证和 LEN 函数，限定字符输入长度，确保其与模板相对应。

第一步，单击菜单栏中的"公式"，在"函数库"选项卡中单击"文本"打开下拉菜单，选择"LEN"函数，单击打开"函数参数"窗口。

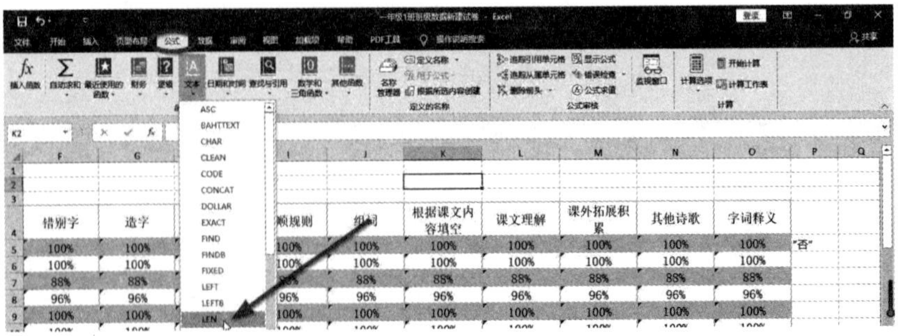

图 9-27　选择 LEN 函数

第二步，在函数参数窗口的"Text"编辑栏中输入需要测试字符的单元格（单击该单元格也可），然后单击"确定"，返回字符串数量。

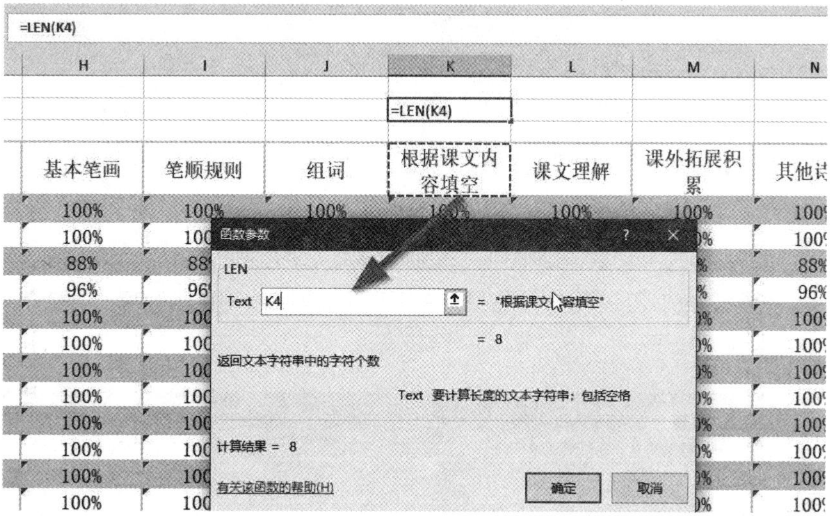

图 9-28　设置参数

2. 选择截字符——MID

语法格式为：MID（字符串，截取字符的起始位置，截取字符的个数）。

此函数可以从一个字符串中截取所需的字符。比如，从身份证号中提取出生日期，定义好截取的起始位置和结束位置，便可截取对应的字符串，其余单元格可以利用"填充"快速提取。下面以从员工工号中截取入职时间为例，给予具体介绍。

第一步，单击菜单栏中的"公式"，打开菜单，选择"函数库"选项卡，单击"文本"打开下拉菜单，找到"MID"函数后单击，打开"函数参数"窗口。

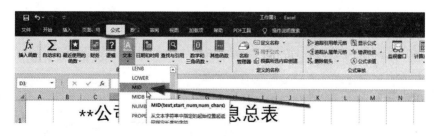

图 9-29　选择 MID 函数

第二步，在窗口中设置"Text"文本位置、从第几个字符开始截取以及截取字符个数，完成设置后，单击"确定"返回工作表。

图 9-30　设置参数

第三步，此时工作表已经返回"入职时间"，单击此单元格，鼠标指向右下角小方块，光标变为小"+"字时，按住鼠标左键向下拖动，快速以函数填充其他单元格。

图 9-31　填充公式

3.起始位置截字符——LEFT/RIGHT

语法格式为：LEFT/RIGHT（字符串，截取字符个数）。

这两个函数表示从左/右起始位置截取字符。例如，员工基本信息总表中包含了入职时间，从左侧截取字符将入职时间提取出来。此"函数参数"设置窗口与"MID"函数相同，只是用户不用再设置起始字符号，直接输入截取个数即可。

9.2.5 数学和三角函数

数学和三角函数在 Excel 中的应用也很常见，它可以帮助用户了解报表中数据的变化情况及规律。

1.求和

求和函数除了常用函数 SUM 外，还可进行条件求和。下图为数据总和。

图 9-32　求和公式

SUMIF 函数为满足一个条件求和，即 SUMIF（条件区域，求和条件，求和区域），比如区域销售明细表中对某区域的单独求和。

SUMIFS 函数为满足多个条件后的数据求和，即 SUMIFS（求和区域，条件判断区 1，条件值 1，条件判断区 2，条件值 2，…），确切来说，此函数为 SUM 函数和 IFS 函数的结合。例如，在区域销售明细表中提取某区域某商品的销售总额。

2. 分类汇总——SUBTOTAL

此函数的功能十分强大，可以同时完成求和、计数、平均值、最大值、最小值、乘积、数值计数、标准偏差、总体标准偏差、方差、总体方差的计算。用户确定好数据源区域后，只需改变 SUBTOTAL 函数的参数就可以改变它的计算方式。分类汇总除函数运算外，也可通过"筛选""排序"等快捷操作来完成。用户也大多使用已定义好的程序来完成。

第十章

Excel 数据处理分析

日常工作中，常会遇到一些复杂的报表，需要做快速的处理和分析。本章主要介绍如何利用 Excel 对数据进行排序、筛选、分类汇总等。

10.1 排序和筛选

排序和筛选是 Excel 数据中的基本操作，快捷、实用，帮助用户以简捷的操作手法处理复杂的数据。

10.1.1 排序

排序是让数据按照一定的条件重新排列的操作，可以更快捷地查看到自己需要的数据。本节以"成绩汇总"为例，介绍"排序"的基本操作。

1. 单条件排序

单条件排序是指定某一条件后，按此条件将数据进行"升序"或"降序"排列。

方法一：快速排序。这种排序方式默认为以第一列为条件排序，"升序"指由第一行到最后一行为递增关系排序，"降序"排序指由第一行到最后一行为递减关系排序。

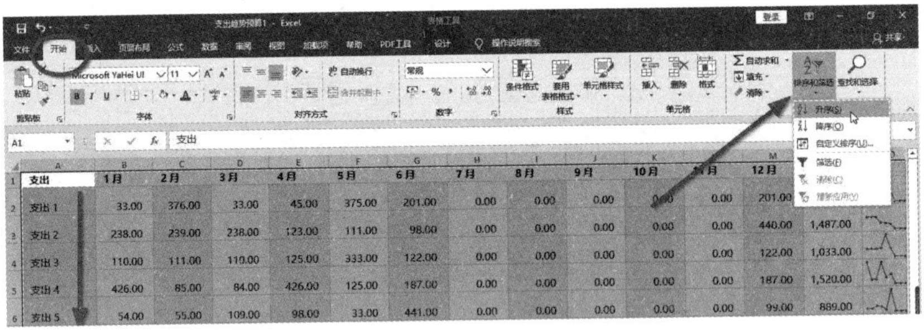

图 10-1　升序

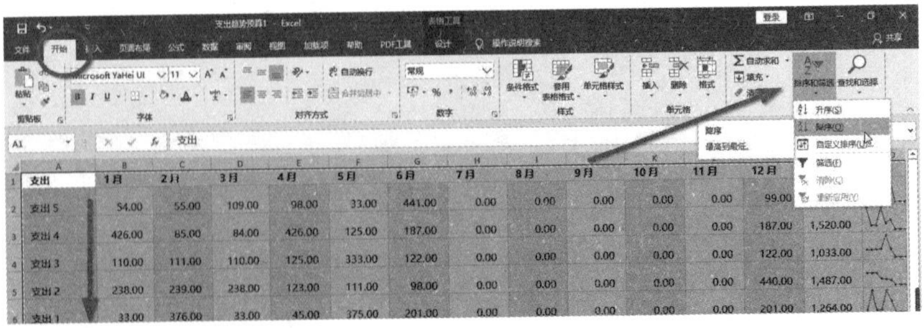

图 10-2　降序

方法二：自定义排序。

第一步，单击菜单栏的"开始"按钮，在编辑选项卡中单击"排序和筛选"，打开下拉菜单，在"自定义排序"项单击打开排序窗口。

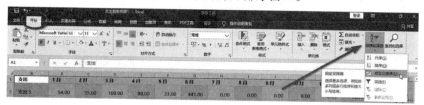

图 10-3　排序和筛选

第二步，在"排序"窗口设置"主要关键字"及"排序依据"，然后选择"次序"，单击"确定"完成设置。

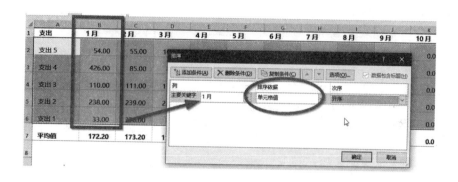

图 10-4　排序

2. 多条件排序

多条件排序指的是，用户确定多个条件的关键字，按条件进行复杂排序。

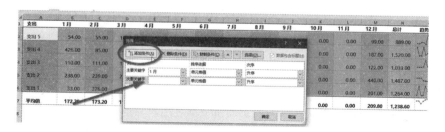

图 10-5　添加条件

3. 自定义排序

在以上两个排序中，确定条件之后，排序只有"升序"或"降序"两种方式。自定义排序是指按用户定义的"名称"排序。

第一步，打开"排序"窗口，单击"次序"下拉菜单，打开"自定义序列"窗口。

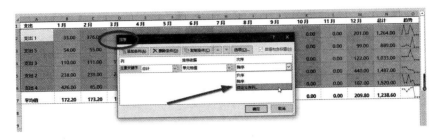

图 10-6　设置排序

第二步，在"自定义序列"窗口中，单击左侧窗口选择排序方式，或自定义设置后单击"确定"，完成次序设置。

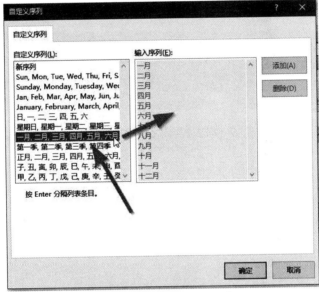

图 10-7　自定义排序

10.1.2 筛选

筛选指的是按条件选择，当前页面留下满足用户筛选条件的数据，隐藏其余数据。

1. 自动筛选

自动筛选运用较广，用户定义的条件较为简单，随时根据按钮变化筛选，但条件较为单一。

第一步，在菜单栏的"开始"菜单中，选择"编辑"选项中的"排序和筛选"，打开下拉菜单，单击"筛选"，设置自动筛选。

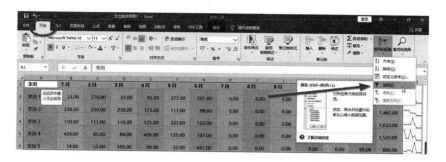

图 10-8　自动筛选

第二步，单击"筛选"按钮，选择条件筛选。

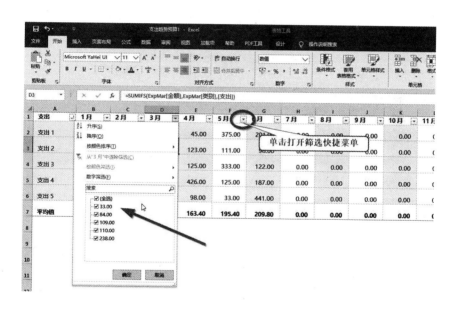

图 10-9　筛选

2.自定义筛选

此筛选满足多个条件，用户可以通过自己的设置定义筛选条件，然后自动筛选出结果。

第一步，选择数据区域，单击菜单栏的"数据"菜单，在"排序和筛选"选项卡中单击"筛选"，页面跳转到自动筛选页面。

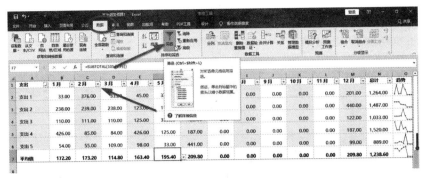

图 10-10　筛选

第二步，在数列 1 中选择需要筛选的条件。

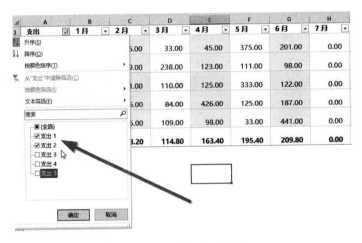

图 10-11　数列 1 筛选

第三步，在已经筛选的结果上，单击其他数列确定其他筛选条件。这种方式可以设定多数列条件筛选。

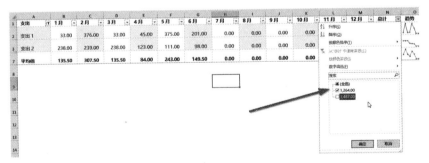

图 10-12　多数列筛选

10.2 数据验证

数据验证在Excel工作表中也十分常用，它可以利用LEN函数限定字符长度。用户在工作中也可限定字符长度，避免出错。下面以"员工工号"限定为例，介绍"数据验证"的具体操作。

第一步，打开需要设置的工作表，拖动鼠标选择需要设置的单元格区域，单击"数据工具"中的"数据验证"选项，打开下拉菜单，选择第一条"数据验证"，打开数据验证窗口。

图 10-13　数据验证

第二步，填写数据验证条件，允许"文本长度"数据填"等于"。该公司员工工号由入职年份和4位排序数字组成，允许长度填"8"，单击"确定"完成设置。如果想更加完美，可以继续设置出错警告。

图 10-14　设置

第三步，单击数据验证窗口的"出错警告"选项卡，填写出错信息为："请输入正确的工号"，单击"确定"完成设置。此时，表格中如果出现输入少于或者多于8位数字的情况，就会进行出错提醒，不允许输入。

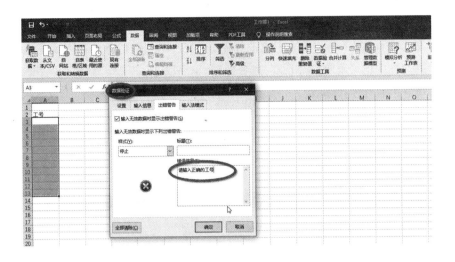

图 10-15　设置提示信息

10.3 数据工具

数据工具在 Excel 中起辅助作用，用于对数据进行高级操作，满足使用需求。

10.3.1 分列

分列是指将一列依据符号或固定字段分成几段的操作，它的功能比较强大，在此以简单且常用的"从身份证号中提取出生年月"的问题，介绍分列工具的应用。

第一步，选择需要提取内容的身份证号，单击"数据"菜单　"数据工具"选项卡中的"分列"按钮，打开"分列"设置窗口。

图 10-16　打开"分列"

第二步，数据分列共分 3 步，首选完成第一步的设置，单击选择"固定宽度"，直接截取固定宽度的文本。设置完成后单击"下一步"，进入第二步的设置。

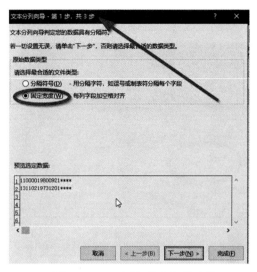

图 10-17 选择"固定宽度"

第三步，用分隔线画出要保留字段的区域，在数据预览窗格将需要截取字段的数据前后各画出一条线。如果画错或者选择错误需要取消，可以双击竖线。设置完成后，单击"下一步"进入第三步的设置。

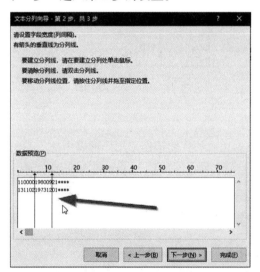

图 10-18 截取字段

第四步，此步骤设置较为复杂。首先，单击需要保留列（中段）。在数据类型中，为了方便后期操作，选择"文本"。然后，单击前段数据，在数据类型中选择"不导入此列"，用同样方法将后段数据设置为"不导入此列"，这两列则被忽略，不再导入工作表。完成后，单击目标区域，选择 B 列，设置完成后，单击"完成"返回工作表。

图 10-19　设置字段类型

第五步，完成设置，出生日期从身份证号中单独被提取出来。

图 10-20　完成提取

10.3.2 删除重复值

此工具能实现数据比对的快捷操作。用户可以用此工具删除重复的行，简化数据表格或者检查重复输入项等。下面以"知识点分析图"为例，介绍"删除重复值"的使用，检查出知识点未达到 100% 掌握的学生名单。

第一步，选择表格，在"数据"菜单下的"数据工具"选项卡中单击"删除重复值"，打开删除重复值设置窗口。

图 10-21　单击选择

第二步，选择需要筛选重复值的列，即检查知识点未100%掌握的学生，所以去掉"序号""学生名称"，只筛选知识点。将知识点100%掌握的列删除，保留未达到100%的。设置完成后，单击"确定"查看结果。

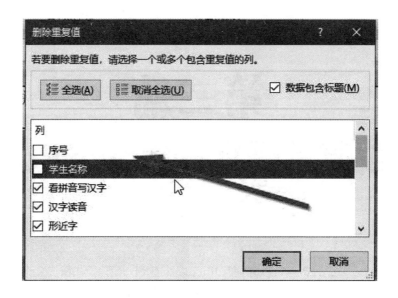

图 10-22　设置项目

第三步，确定后系统跳出数据统计对话框，显示删除了44个重复值，则本班有44人满分，掌握所有知识点，保留了9个唯一值，此时未掌握全部知识点的学生保留下来，可自行查看哪些知识点存在问题。

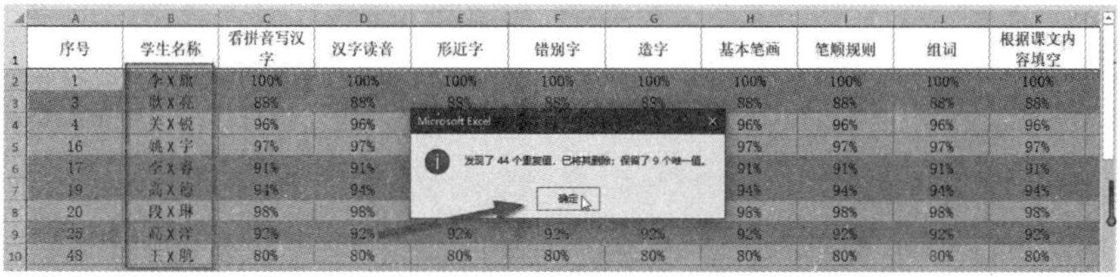

图 10-23　删除结果

第三篇
高效演示盛宴—PowerPoint

PowerPoint即Office办公软件中可以做演示文稿的软件，简称PPT。本篇以贴近实际工作的例子为辅，介绍PPT制作演示文稿的方式，最终使读者制作出与自己文案相对应的演示报告，创造出演示盛宴。

第十一章

PPT 制作幻灯片的基本操作

PPT 可以制作各种商务演示报告、教育培训教案、商业企划书等通过大屏展示的报告。本章从 PPT 的基本操作入手，由简入繁，一步步走进演示文稿的制作大门。

11.1 初识多彩的 PPT

PPT 以丰富的色彩和简捷的操作受到很多用户欢迎。本节主要介绍 PPT 的新建与保存、幻灯片模板制作、演示文稿等基本操作。

11.1.1 建立演示文稿

制作 PPT 演示文稿之前，要先学会 PPT 的启动、新建、保存等基本操作。

1.PPT 的启动

打开 PPT 的方法与其他 Office 软件相同，用户可通过开始菜单、桌面图标、已存在的文件等多种方式打开。

（1）开始菜单启动

单击"开始"按钮，打开"开始"菜单，在程序区或者开始屏幕上找到PPT程序，单击启动。

图 11-1   "开始"菜单

（2）桌面图标启动

桌面上有 PPT 图标时，双击图标启动。

图 11-2　桌面图标

（3）已存文档启动

双击建立的 PPT 文档，启动 PPT 程序。

图 11-3　启动 PPT

2. 新建演示文稿

创建新的演示文稿，可在启动时自动建立。如果已经打开了一份演示文稿，也可利用此文稿建立。

方法一：启动 PPT 在"开始"选项卡中的右侧工作区单击"空白演示文稿"，快速创建空白演示文稿。单击"模板"，则可创建新的模板。

图 11-4　创建演示文稿

方法二：启动 PPT，左侧导航栏单击"新建"后，在右侧工作区单击创建"空白演示文稿"。

图 11-5　新建空白演示文稿

方法三：

第一步，单击菜单栏的"文件"菜单，打开"文件"页。

图 11-6　单击"文件"菜单

第二步，在"文件页"用方法一／二创建一个演示文稿即可。

新建演示文稿有两种类型：一种为普通的空白演示文稿，建立后只有一张幻灯片，需要作者一步步添加，手动制作；另一种是新建一个预定义的模板，用户只需在此模板中插入自己的方案，就可以制作一份完美的演示报告。

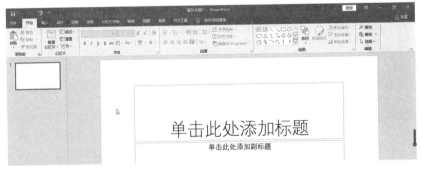

图 11-7　空白演示文稿

图 11-8　模板新建演示文稿

3. 保存演示文稿

建立新的演示文稿后，用户最先要做的是保存，保证制作过程中文稿不会因未可预知的意外丢失。

第一步，单击菜单栏中的"文件"，打开文件页。

图 11-9　单击"文件"

第二步，在文件页单击"保存"，打开"另存为"窗口。

图 11-10　单击"保存"

第三步，在"另存为"窗口左侧导航栏中选择保存位置，"最近"选项可以直接选择窗口右侧的文件夹进行保存；"这台电脑"可以打开本机磁盘选择保存地址；"OneDrive"可完成在线保存操作。

图 11-11　"另存为"选项

第四步，以"这台电脑"为例，单击"这台电脑"打开右侧文件夹，可以在"今天""本周"及"更早"的文件夹中选择。

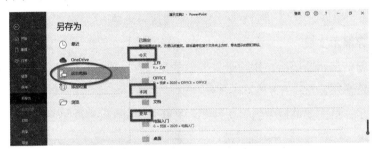

图 11-12　"这台电脑"

单击其中一个文件夹，打开"另存为"窗口，单击"保存"则保存文件。

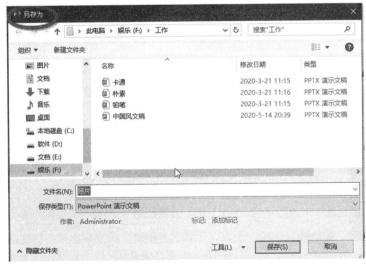

图 11-13　"另存为"窗口

如果需要保存的位置并未在已显示的文件夹内，任意单击一个文件夹打开"另存为"窗口，在左侧导航窗口中找到需要保存的位置，再单击"保存"即可。

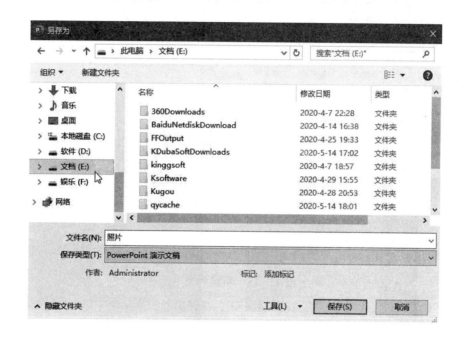

图 11-14　选择保存位置

另存为的操作与保存方法相似，只需单击"文件"打开文件页，在左侧导航栏中单击"另存为"，则会直接打开"另存为"窗口，用户可在此窗口操作。

11.1.2　幻灯片的基本操作

形象地说，PPT 是由一张张幻灯片组成的图册。用户需要掌握幻灯片的基本操作，才算是真正步入制作演示文稿的大门。

1. 幻灯片的添加

用户建立新的空白演示文稿只有一张幻灯片，此时需要一张张添加新的幻灯片，哪怕用模板建立，也可在此模板上添加。下面介绍几种常用的添加方法。

方法一：单击菜单栏"开始"菜单，在幻灯片选项卡中单击"新建幻灯片"，打开下拉菜单，从所提供的版式中选择合适版式后单击即可新建。

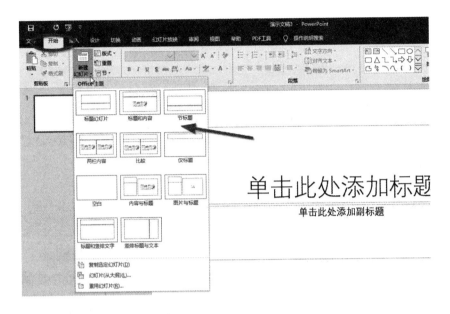

图 11-15　新建幻灯片

　　方法二：在导航窗格的空白位置右击，在弹出的快捷菜单中单击"新建幻灯片"，即可创建一张新的幻灯片。

图 11-16　导航窗格新建

　　方法三：在导航窗口已经建立的幻灯片上右击，打开快捷菜单，选择"新建幻灯片"单击，即可以在幻灯片下方建立一张新的幻灯片。

图 11-17　右击幻灯片新建

2. 幻灯片的复制、剪切和粘贴

用户可以对幻灯片进行整张的复制粘贴或者剪切粘贴操作，或在本演示文稿中操作，或跨文稿操作，甚至将幻灯片作为图片插入其他文档。

（1）复制 / 剪切方法

复制是指将已选择幻灯片的副本放于剪切板，剪切指将当前幻灯片从文稿中剪掉，放在剪切板，此两项操作都是将文件放于剪切板，只是复制后，原幻灯片仍存在于文稿，剪切后幻灯片消失。

（2）PPT 文档粘贴

PPT 文档粘贴，即将剪切板的内容放置在本演示文稿或其他演示文稿类的文档中。

方法一：在导航窗口单击选择一张幻灯片，打开"开始"菜单，在剪贴板选项卡中看到"剪切""复制"，单击即可完成操作。

图 11-18　剪切板操作

方法二：在导航窗口中单击选择一张幻灯片，在幻灯片上右击弹出快捷菜单，单击"复制""剪切"即可完成操作。

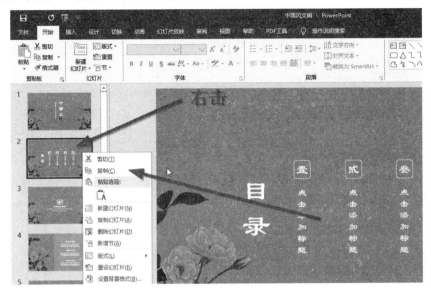

图 11-19　右击菜单操作

方法三：在导航空格中单击选择幻灯片，按键盘快捷组合键"Ctrl+C"复制、"Ctrl+V"剪切。

（3）粘贴方法

粘贴是指将剪切板最近一次的复制／剪切内容放置在新的位置上。粘贴类型很多，如"使用主题"，即只粘贴幻灯片的主题，不粘贴内容；"源格式"，指将复制／剪切的内容全部粘贴到新的位置；"文本"，指只粘贴内容中的文本部分，即无格式文本……

方法一：在导航空格的空白位置或者两张幻灯片之间，右击弹出快捷菜单，选择"粘贴"。需要注意选择的"粘贴"方式。

图 11-20　粘贴类型

方法二：单击选择粘贴位置，选择"开始"—"剪切板"中的"粘贴"，打开下拉菜单，选择粘贴类型即可。

图 11-21　插入粘贴

方法三：单击选择粘贴位置，按键盘快捷组合键"Ctrl+V"即可粘贴。

（4）其他文档粘贴

幻灯片进行复制/剪切操作后，可以将其粘贴在 Word、Excel 等文档中。

将幻灯片粘贴在 Word 文档中，用户可以选择"保留源格式"和"图片"类型的方式粘贴。不同的类型，有不同的编辑方式。

图 11-22　保留源格式

将幻灯片粘贴到 Excel 工作表中，用户可直接用"保留源格式"的方式粘贴。

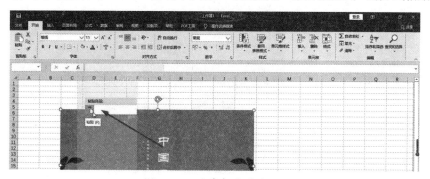

图 11-23　外部文件粘贴

3.删除幻灯片

对于一些错误或者不需要的幻灯片，用户可将其删除掉。

（1）单页删除

方法一：在导航窗格中单击选择需要删除的幻灯片，右击弹出快捷菜单，单击选择"删除幻灯片"，此幻灯片被删除。

图 11-24　右击删除

方法二：在导航窗格中单击选择需要删除的幻灯片，按键盘的"Delete"键直接删除。

（2）多页删除

多页删除指删除多张幻灯片，用户可以选择以下方式进行。

方法一：逐张删除幻灯片，和单张删除方法相同，重复单击删除动作即可。

方法二：按住键盘的功能键"Ctrl"，单击选择需要删除的幻灯片，此时幻灯片被选中，按"Delete"键即可删除。

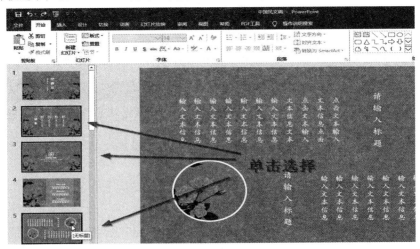

图 11-25　跳跃选择

11.2 制作演示文稿便捷方式

如果用户对文稿没有其他要求，只需一份简单的演示报告，可以利用提供的模板或版式制作演示报告。

11.2.1 运用模板制作

PPT 演示文稿提供了许多模板，一般情况下，用户可以从模板中找到与自己制作文稿相似的文档，直接在模板中填充文案内容即可。

第一步，单击"文件"菜单，打开文件页。单击"新建"，在右侧模板搜索关键词，如"教育"，打开教育类的模板。

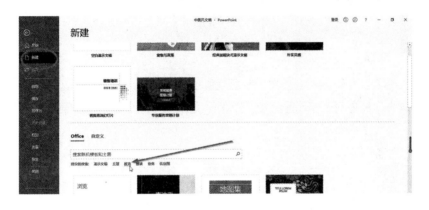

图 11-26　新建模板

第二步，在"新建"中，出现"教育"主题相关模板列表，挑选自己喜欢的模板单击，确定选择。

图 11-27　搜索

第三步，在模板详情对话窗口中了解模板详情，单击"创建"按钮，即刻创建一个模板演示文稿。如果打开后感觉不喜欢，也可在此窗口中单击左右箭头，切换其他模板。

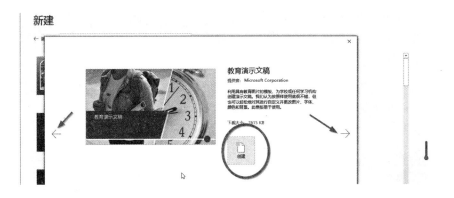

图 11-28　创建模板

第四步，模板演示文稿建好后，单击"文件"，打开文件页，保存文稿。

图 11-29　另存为

第五步，模板演示文稿保存好后，用户可以直接编辑操作，单击项目（文本框、图片等），替换成自己的文稿内容。注意不要破坏模板的排版格式。

图 11-30　修改模板

11.2.2 运用版式制作

幻灯片模板提供了许多主题及排版，用户只需替换操作，就可以制作一份十分精美的演示文稿。不过，对新手用户而言，如果对幻灯片的美观要求不是很高，只以演示为目的，可以运用版式制作一份突出内容的演示文稿。

1. 创建流程

第一步，启动 PPT，单击"空白演示文稿"，创建一份空白文稿。此空白文稿创建后是自带首页版式的，用户可直接在文本框中输入文字。

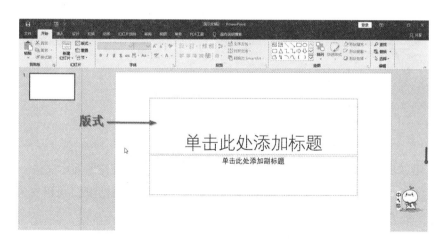

图 11-31　版式

如果不满意默认版式，可以采用以下方式进行版式的切换。

方法一：在导航窗格中单击选择幻灯片，在"开始"菜单的"幻灯片"选项中，单击"版式"，打开下拉菜单，选择需要的版型。

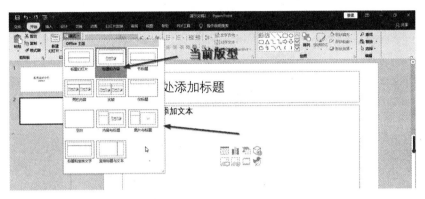

图 11-32　修改版式

方法二：在导航窗格中单击选择幻灯片后右击，弹出快捷菜单，鼠标指向菜单中的"版式"，打开下级菜单，选择幻灯片版型。

图 11-33　修改版式

第二步，依此方法建立不同版式的幻灯片，组成一份完整的演示文稿。需要注意的是，新建幻灯片的版式一般与前一张幻灯片相同，如需更改，可以参考"第二步"的方法右击幻灯片。

2.幻灯片版式类型及应用

幻灯片版式，就是 PPT 中预定义的 Office 主题。在 PPT　2019 中，共预定义了 11 种版式，分别为"标题和幻灯片""标题和内容""节标题""两栏内容""比较""仅标题""内容与标签""图片与标题""标题与竖排文字""竖排标题与文本"和"空白"。这些版式涵盖幻灯片的很多主题内容，且不是一成不变的，用户可在此基本上添加与删除。下面介绍几个比较常用的版式：

（1）空白

"空白"指幻灯片上没有任何项目，需要用户自己添加。这个版式受到许多用户喜欢，正是因为它可以自由添加，不受限制。

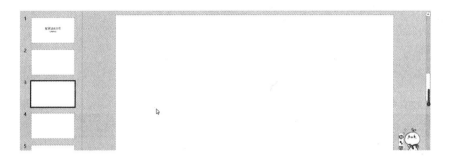

图 11-34　空白版式

（2）标题和内容

此版式设置了两个区域，分别为标题和内容。标题为文本框，用户直接输入文本即可。内容框中，用户可以单击小图标，添加各种类型文件。

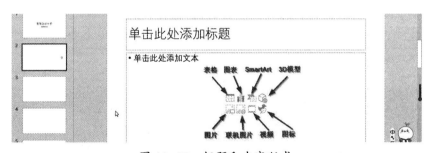

图 11-35　标题和内容版式

（3）两栏内容

此版式将内容自动分为两栏，用户不用设计格式，采用此版式提供两栏内容。

图 11-36　两栏内容

（4）标题与竖排文字

此标题为横排，内容部分为竖排，用户可以利用此版式做目录，快速完成设置。

图 11-37　标题和竖排文字

第十二章

PPT 图文排版

　　PPT 最大的特色就是可以插入各种图片、音频、视频等，使演示报告变得生动形象，吸引读者。本章主要介绍 PPT 图文排版操作方法，读者可以边读边操作。

12.1 插入项目的基本操作

PPT 幻灯片是由多种项目插入后组成的页面。熟练制作幻灯片，不仅要学会插入项目，更要学会各项目的具体设置方法。

12.1.1 项目插入

1.项目插入方法

插入项目的主要类型有表格、图像、插图、文本、媒体等，具体如下。

方法一：预定义版式插入

单击预定义版式的幻灯片，在已经预定义的项目上单击"插入"。

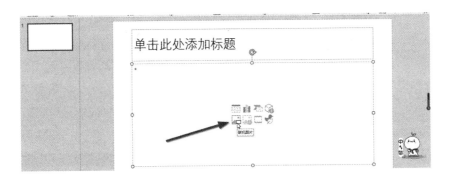

图 12-1 版式插入

方法二：手动插入

单击菜单栏中的"插入"菜单，在选卡中找到所需的项目后单击"插入"。

图 12-2 手动插入

2. 项目插入具体操作

项目插入具体操作方法各有不同，下面以手动插入方式为例，介绍项目插入的具体操作。版式插入具体操作方法可在后面小节的实例中详细了解。

（1）表格插入

方法一：单击"菜单"—"插入"—"表格"，打开下拉菜单。与 Word 相同，用户可用鼠标选择表格行列后，单击"确定"。

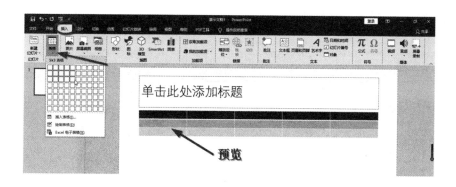

图 12-3　插入表格

方法二：

第一步，单击"菜单"—"插入"—"表格"，打开下拉菜单，单击"插入表格"。

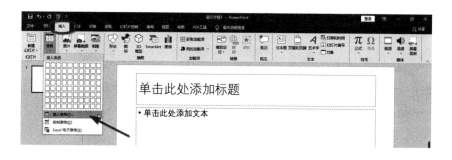

图 12-4　绘制表格

第二步，在插入表格窗口填入行、列，单击"确定"按钮。

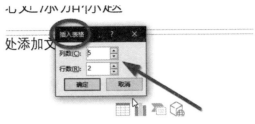

图 12-5　设置行列

方法三：

第一步，单击"菜单"—"插入"—"表格"，打开下拉菜单，单击"绘制表格"。

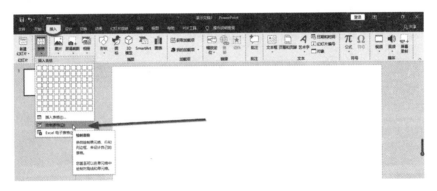

图 12-6　手动绘制

第二步，此时光标变为"铅笔"的形状，在幻灯片上手动画出表格即可。

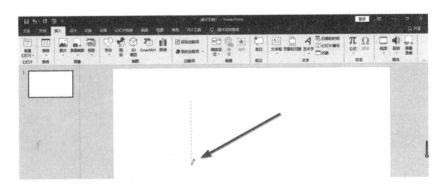

图 12-7　画线

（2）图像插入

图像插入有三种类型，分别为图片、截图和相册。相册会在后面章节中以实例介绍，下面主要介绍前两种类型的具体操作。

图片：单击"菜单"—"插入"—"图像"—"图片"，从下拉菜单中选择所需图片的位置。"此设备"指的是电脑中存储的图片，用户在"插入图片"窗口中通过路径查找需要的图片即可。"联机图片"指联机状态下其他计算机上的图片。

图 12-8　插入图片

屏幕截图：

第一步，单击"菜单"—"插入"—"图像"选项卡，在此选项卡中单击"屏幕截图"，打开下拉菜单。下拉菜单中，"可用的视窗"中保存了最新截图，用户单击可直接使用；也可单击"屏幕剪辑"，打开截图状态。

图 12-9　屏幕剪辑

图 12-10　可用视窗

第二步，此时光标变为黑色"+"状，按住鼠标左键拉动光标，即可画出矩形截图范围。

图 12-11　截屏

第三步，松开鼠标左键，此时截图直接插入幻灯片。

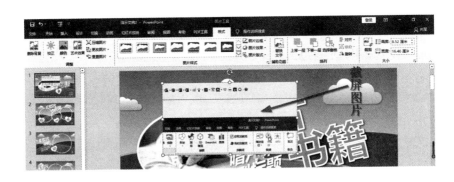

图 12-12　插入截屏

（3）插图

包含形状、图标、3D 模型、SmartArt 和图表，用户单击"菜单"—"插入"—"插图"，在"插图"选项卡中找到需要插入的项目，按下面步骤操作即可。

形状：

第一步，单击"形状"，打开下拉菜单，选择合适的形状单击确定。

图 12-13　选择形状

第二步，光标变为黑色"+"状，按住鼠标左键拖动光标到合适大小，松开鼠标即可。

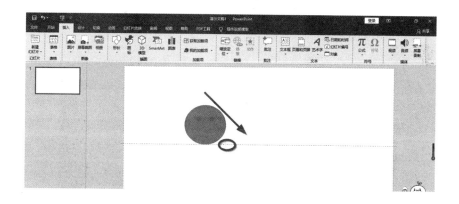

图 12-14　画出图形

图标：

第一步，单击"图标"，打开插入图标窗口。

图 12-15　插入图标

第二步，从左侧导航栏中选择图标类型，在右侧具体图标中找到最合适的单击选择，点击"插入"按钮即可插入。

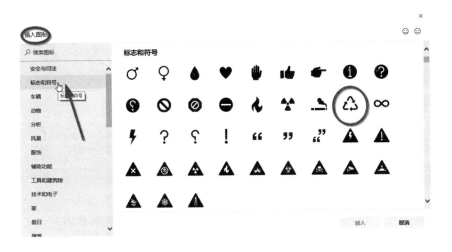

图 12-16　选择图标

第三步，拖动"图标"四个大小控制柄，拉动控制柄调节大小。

图 12-17　调整图标

3D 模型：

第一步，单击"3D 模型"，打开插入窗口。

图 12-18　插入 3D 模型

第二步，在窗口中找到已经保存的 3D 模型，单击"打开"，将模型插入幻灯片。

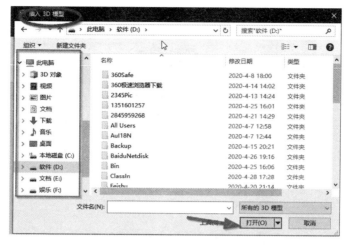

图 12-19　选择模型

SmartArt：

第一步，单击"SmartArt"，打开"选择 SmartArt 图形"窗口。

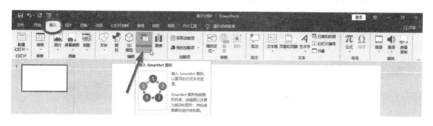

图 12-20　插入

第二步，左侧导航栏中找到图形类型，右侧单击选择合适的图形，点击"确定"。

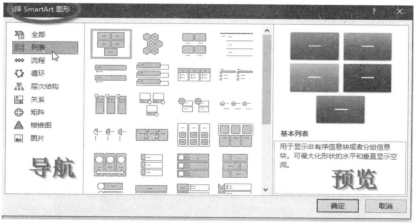

图 12-21　选择

第三步，在图形模板中结合文案填入具体内容。

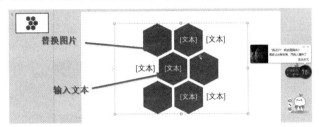

图 12-22 输入文案

图表：

第一步，单击"图表"，打开"图表"窗口添加图表。

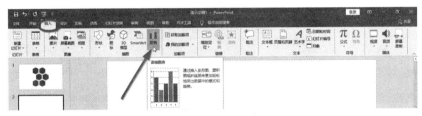

图 12-23 插入图表

第二步，在左侧导航栏中找到图表类型，右侧单击选择合适的图表，点击"确定"。

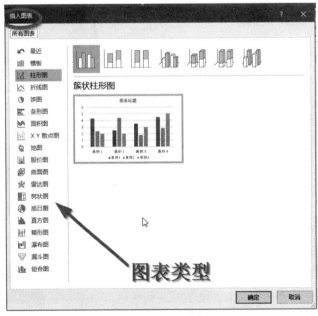

图 12-24 选择

第三步，随即跳出 Excel 工作表，改变工作表的内容，图表项目也会随之更改。

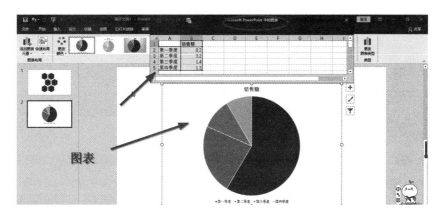

图 12-25　设置图表

（4）文本

文本类型的插入主要由文本框、页眉和页脚、艺术字、日期时间、编号等组成。幻灯片与其他办公组件不同，没有编辑光标，不可以直接输入文本。如果需要输入普通文本，需要借助文本框才可以实现。

文本框：

第一步，单击菜单栏中的"插入"，在"文本"选项卡中找到"文本框"，单击打开下拉菜单，选择"绘制横排文本框"或者"竖排文本框"，单击确定。

图 12-26　插入

第二步，光标变为"+"编辑状态，按住鼠标左键拖动，画出文本框。

图 12-27　画出文本框

第三步，输入文本，完成后单击文本框任意地方确定。

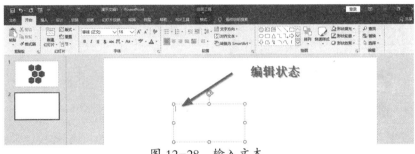

图 12-28　输入文本

页眉和页脚：

第一步，单击菜单栏中的"插入"，在"文本"选项卡中找到"页眉和页脚"选项卡，单击打开设置窗口。

图 12-29　插入

第二步，窗口分为两个选项卡，其中"幻灯片"选项卡将"页脚"分为三部分，左侧设置日期，右侧添加编号，中间位置用户可以自定义。

图 12-30　设置

　　"备注和讲义"选项卡将页眉和页脚分别分为两部分，日期和时间设置在右上角，页码设置在右下角，左侧上、下两角分别设置用户自定义的内容。

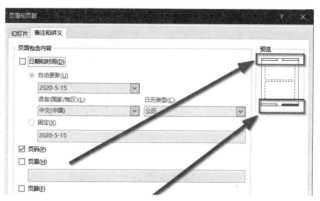

图 12-31　页眉和页脚

　　第三步，设置成功后，单击"全部应用"。

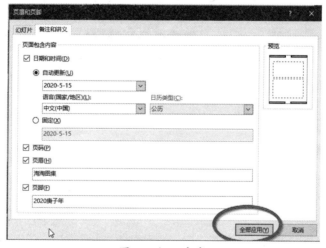

图 12-32　完成

　　此设置也可通过"文本"选项卡的快捷按钮"日期和时间""幻灯片编号"来打开。

图 12-33　插入

艺术字：

第一步，单击菜单栏中的"插入"，在"文本"选项卡中找到"艺术字"选项卡，单击打开预定义字体格式及效果下拉菜单，选择合适的艺术字后单击，直接插入。

图 12-34　选择

第二步，在艺术字编辑框的"请在此放置您的文字"处单击输入文本。

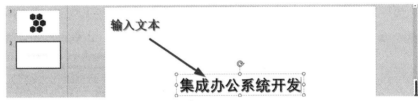

图 12-35　输入文本

对象：

第一步，单击菜单栏中的"插入"，在"文本"选项卡中找到"对象"按钮，单击打开"插入对象"窗口。

图 12-36　插入对象

第二步，在窗口中选择外部对象后单击选择，点击"确定"按钮插入幻灯片。

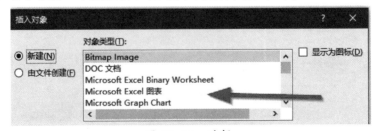

图 12-37　选择

插入对象分为两种类型，一是在此幻灯片上新建某个类型的文件，二是插入电脑中已经存储的文件。

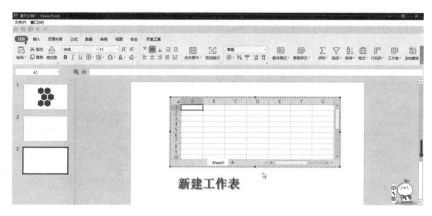

图 12-38　新建文件

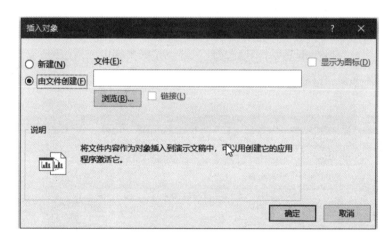

图 12-39　选择已存文件

（5）媒体

媒体选项卡中可以插入音频、视频，也可以插入屏幕录制。这些内容通过链接再利用外部软件打开，也可直接插入幻灯片。

外部软件打开：通过链接点与外部播放器类软件结合，实现媒体类文件的浏览。

第一步，在需要设置链接点的项目（图形、文本框等）上单击，通过菜单栏"插入"—"链接"选项卡中的"链接"按钮，打开"插入超链接"窗口。

图 12-40　插入超链接

第二步,在"插入超链接"窗口的左侧导航栏中选择"现有文件或网页"后单击,打开右侧路径窗口,按路径找到已存媒体文件后单击选择,确定后即可插入链接。运行时,用户直接单击便可打开此文件,缺点是如果换电脑演示时,对方电脑没有装此媒体的播放器软件,内容则无法播放。

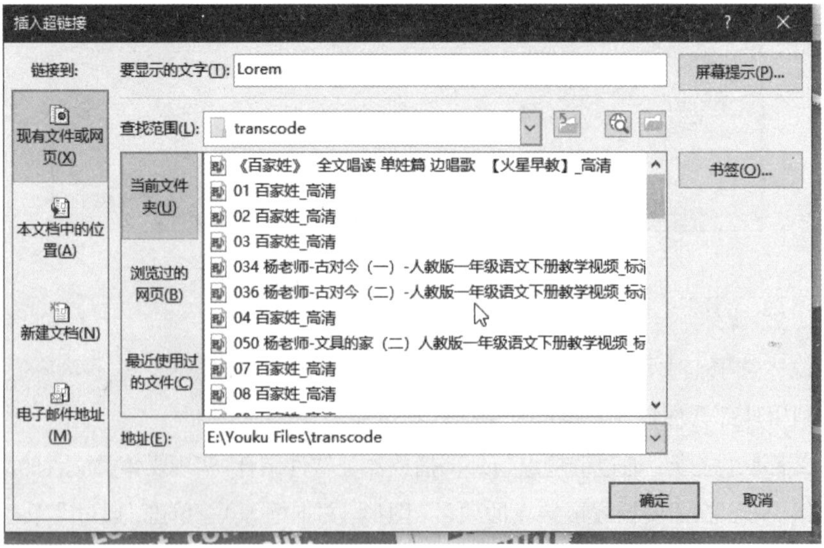

图 12-41　选择文件

插入媒体：单击"插入"—"媒体"中所需的插入媒体按钮，通过路径找到媒体文件，单击插入即可。

图 12-42　插入媒体

12.1.2 项目的复制、剪切及粘贴

幻灯片中插入的项目，可以进行复制、粘贴或者剪切的操作。某些图形、文本等项目也可另存为图片，在其他文件中以"图片"格式插入。

1. 项目复制、剪切及粘贴的方法

（1）复制

复制指的是给项目创建一个副本，此副本复制后会暂存于剪切板，用时可用"粘贴"的操作创建副本。具体复制方法如下。

方法一：单击选择项目（文本框类单击框边缘才能选择，否则进入编辑状态），在菜单栏的"开始"菜单找到"剪切板"选项卡，单击"复制"。

图 12-43　剪切板复制

方法二：单击选择项目（文本框类单击框边缘才能选择，否则进入编辑状态），在项目上右击，弹出快捷菜单，单击"复制"，将项目副本放到剪切板上。

图 12-44 右击复制

方法三：单击选择项目（文本框类单击框边缘才能选择，否则进入编辑状态），
按组合键"Ctrl+C"复制。

（2）剪切

剪切是指将项目从幻灯片中剪掉。此项目从幻灯片中消失，暂时存放在剪切
板中。剪切方法与复制相同，只是在菜单中单击"剪切"按钮即可，此操作的快
捷键组合是"Ctrl+X"。

图 12-45 剪切板剪切

图 12-46 剪切后

（3）粘贴

粘贴是将剪切板最近保存的项目粘在指定位置上。操作按钮与复制、剪切的

位置相同，单击粘贴目的地，直接操作即可。此操作的快捷组合键为"Ctrl+V"。

图 12-47　粘贴

2.项目另存为图片

（1）单个项目另存

第一步，单击选择项目，右击弹出快捷菜单，在"另存为图片"处单击，弹出保存窗口。

图 12-48　另存为图片

第二步，在保存窗口中选择保存路径，文件格式选择所需类型，单击"保存"即可。

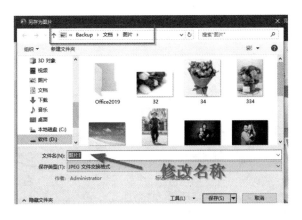

图 12-49　保存

（2）多个项目另存

第一步，按住 Ctrl 键，单击鼠标左键，选择多个项目。

图 12-50　多选

第二步，菜单自动调出"绘图工具"菜单，在"插入形状"选项卡中单击"合并形状"，选择"结合""组合""相交"等任意方式，将多个项目组合起来。视频不可组合。

图 12-51　合并形状

第三步，在组合后的图形上右击，在弹出的快捷菜单中单击"另存为图片"，按单个项目保存方法进行图片另存。

图 12-52　另存为图片

3. 组合方式

合并形状中的组合与项目组合不太相同，此组合图形与图形之间的关系可以表现出来。下面以图片、形状等类型合并的效果为例，了解组合方式的应用。

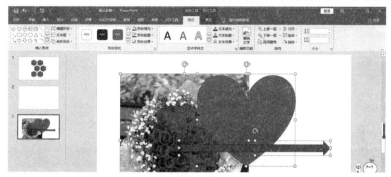

图 12-53　多选项目

（1）结合：多项目以最大项目为基准结合在一起。

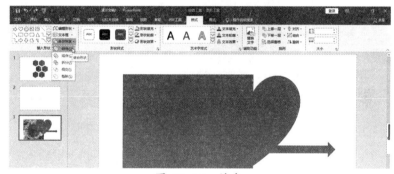

图 12-54　结合

（2）组合：多项目组成一个整体项目。

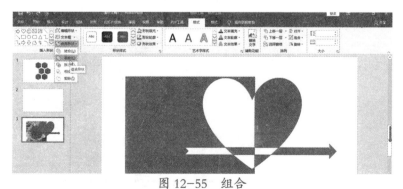

图 12-55　组合

（3）相交：多项目组合后，只留下几个共同项目区域。

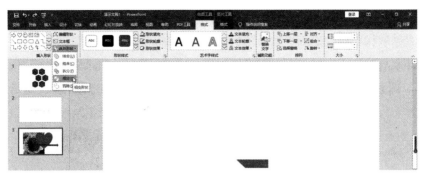

图 12-56　相交

（4）剪除：将上层形状从底层形状上剪切掉。

图 12-57　剪除

下面利用几种方式做一个剪拼效果。

第一步，单击"插入"菜单，通过"图像"—"图片"选卡中插入需要做剪拼效果的图片，再由"插图"选项卡的"形状"选项，插入一个剪切用的基础图形。

图 12-58　插入基础图形

第二步，调节好基础图，重复复制粘贴操作，按喜欢的方式排布在图片上。
也可按住 Ctrl 键拖动图形，将复制图形均匀分布在图片上。然后，按住 Ctrl 键，
先选择图片（一定要先选择图片），再依次选择其他图形。

图 12-59　复制形状

第三步，单击"绘图工具"中的"格式"菜单，在"合并形状"下拉菜单中
选择"剪除"操作。

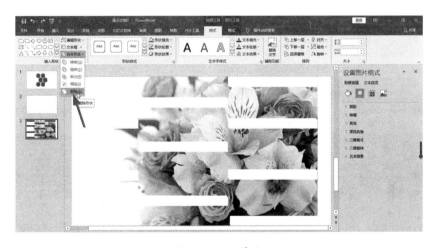

图 12-60　剪除

第四步，给此图加一个背景图片。在幻灯片空白处右击，打开快捷菜单，选
择"设置背景格式"，单击打开"背景"设置窗口。

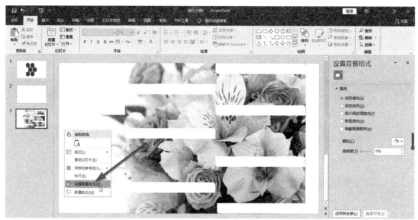

图 12-61 添加背景

第五步，单击"设置背景格式"—"填充"选项卡中的"渐变填充"（或者其他方式,用户自定义即可）。设置好渐变填充颜色后,此背景即可应用到当前幻灯片中。如果用户需要将背景渐变应用到演示文稿中，可以单击"应用到全部"进行设置。

图 12-62 最终效果

12.1.3 项目的删除

幻灯片中有错误或不需要的项目时，用户可将其删除。下面介绍几种常用的方法：

1. 剪切删除法

将不需要的项目从幻灯片上剪切出去。剪切方法可参考前面小节，此时项目便从幻灯片上消失了。

2. 快捷键删除

单击需要删除的项目，按"Delete"键删除项目。

12.2 项目的设置

项目插入时，可以初始设置内容，但很多时候，后期还会进行调整。本节就各项目后期调整方法的操作以实例来说明，请用户根据需求进行实战。

12.2.1 项目通用操作

PPT 中某些项目的基本操作方法是相同的，如选择、调节大小等。

1. 项目选择

图片、形状等无中心内容的项目直接单击即可选择。对于一些文本框、视频等，用户单击后可能进入编辑状态，可按以下方法选择。

（1）单个项目选择

方法一：鼠标指向项目边缘，当光标变为方向十字标时，单击选择项目。

图 12-63　选择图片

图 12-64　选择文本框

方法二：单击菜单栏中的"开始"菜单，在编辑选项卡中单击"选择"，打开下拉菜单，单击"选择对象"后在幻灯片中选择所需的项目。

图 12-65　菜单选择

方法三：

第一步，单击菜单栏中的"开始"菜单，在编辑选项卡中单击"选择"，打开下拉菜单，单击"选择窗格"打开操作窗口。

图 12-66　打开选择窗格

第二步，在操作窗口中单击需要选择的项目名称，左侧指定项目则被选中。

图 12-67　窗格选择

（2）多个项目操作

方法一：单击菜单栏中的"开始"菜单，在编辑选项卡中单击"选择"，打开下拉菜单，单击选择"全部"，幻灯片项目全部选中。

图 12-68　选择全部

方法二：按快捷组合键 Ctrl+A。

方法三：按住 Ctrl 键，光标变为带"+"的箭头标志，鼠标单击选择所需的项目。

图 12-69　功能键多选

2. 项目大小调整

方法一：单击选择项目，项目四角出现大小调节控制柄，按住鼠标左键向外拖动，项目变大，反之变小。

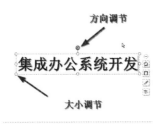

图 12-70　调整

方法二：单击选择项目，菜单栏调出"绘图工具"格式设置菜单，在"大小"选项中输入指定宽、高数据，项目大小随之改变。

图 12-71　大小设置

3. 旋转项目

方法一：单击选择项目，项目顶端出现转向控制柄，光标指向此控制柄后，按住鼠标左键拖曳旋转到任意角度即可。

图 12-72　旋转

方法二：单击选择项目，菜单栏调出"绘图工具"格式设置菜单，在"排列"选项卡的"旋转"菜单中，做特定角度的旋转。

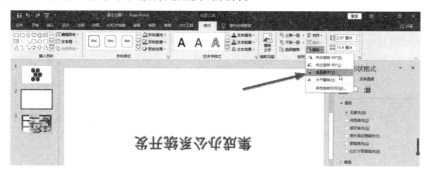

图 12-73　旋转

4. 多项目排列设置

（1）排列对象

排列对象指的是多项目有重叠区域后的叠放层次、多项目组合。用户单击选择项目后，可将其在多个项目中置顶、上下层或底层移动。

单击选择项目，打开菜单栏的"开始"菜单，在"绘图工具"选项卡中单击"排列"，打开下拉菜单。用户可以根据需要单击选择叠放层次。

图 12-74　排列层次

（2）组合对象

选择项目后，打开菜单栏中的"开始"菜单，在"绘图工具"选项卡中单击"排列"，打开下拉菜单，实现多项目的组合，进行组合项目的拆分等操作。

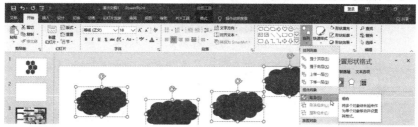

图 12-75　组合

（3）对齐

选择项目后，打开菜单栏中的"开始"菜单，在"绘图工具"选项卡中单击"排列"，打开下拉菜单。单击"放置对象"的"对齐"，打开下级菜单，实现多个项目的按需组合。

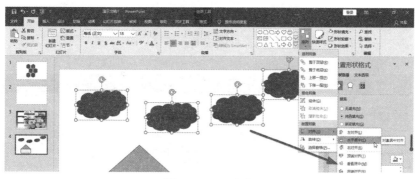

图 12-76　对齐

12.2.2 图片设置

单击选择图片，菜单跳转到"图片工具"或单击菜单栏中的"绘图工具"，便可进行图片的格式设置。

1.调整

在图片工具的调整菜单中，用户可以进行简单的抠图、色彩调节等。

（1）抠图

第一步，单击"图片工具"—"调整"—"删除背景"，进行背景删除操作。

图 12-77　删除背景

第二步，光标变为记号笔状态，鼠标单击保留或删除区域后，画出保留或者删除的区域。

图 12-78　标记

第三步，单击"保留更改"，抠图成功。

图 12-79　保留更改

图 12-80　最终效果

需要注意的是，此抠图为简单抠图，以色彩为基准，对一些照片及复杂背景的图，达不到精抠的效果。

（2）校正

方法一：单击"图片工具"—"调整"—"校正"，打开下拉菜单，选择预定义效果单击，图片更改。

图 12-81　校正

方法二：单击"图片工具"—"调整"—"校正"，打开下拉菜单，选择"图片校正选项"，打开设置图片格式窗口，自定义更改"锐化/柔化"效果及"亮度/对比度"。

图 12-82　校正窗格

（3）颜色

方法一：单击"图片工具"—"调整"—"颜色"，打开下拉菜单，选择菜单中的预定义效果，改变图片的色彩饱和度、色调，也可对图片重新着色。

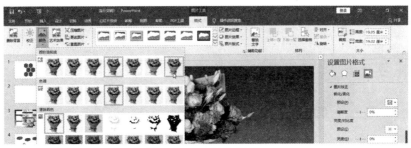

图 12-83　颜色设置

方法二：单击"图片工具"—"调整"—"颜色"，打开下拉菜单，单击"其他变体"，可以变化图片的色彩。

图 12-84　其他变体

单击"设置透明度"，光标变为角标笔的形状，单击图片中需要变透明色的点后，此像素点变为透明。

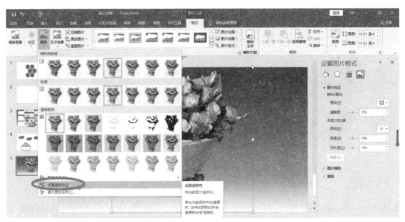

图 12-85　设置透明色

图 12-86　透明色画笔

单击"图片颜色选项",打开图片格式设置窗口,在此设置图片颜色。

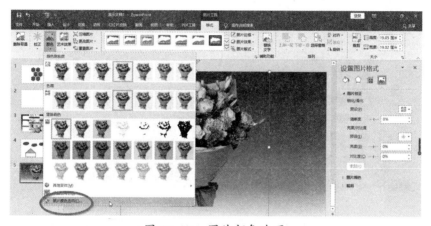

图 12-87　图片颜色选项

图 12-88　颜色窗格

(4)艺术效果

方法一:单击"图片工具"—"调整"—"艺术效果",打开下拉菜单,从预定义效果中单击选择。

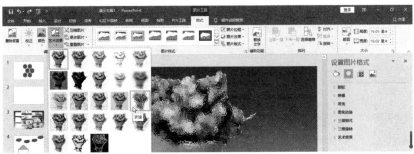

图 12-89　艺术效果

方法二：单击"图片工具"—"调整"—"艺术效果"，打开下拉菜单，选择打开"艺术效果选项"，设置图片的艺术效果。

图 12-90　艺术效果窗格

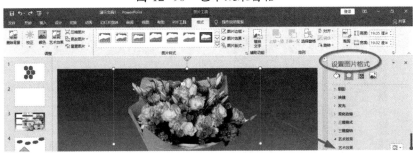

图 12-91　艺术效果

2. 图片样式

图片样式设置有两种方式，分别为预设样式和自定义样式。

（1）预设样式

在"图片工具"—"图片样式"选项卡中，在预设样式窗格中单击选择所需的样式。

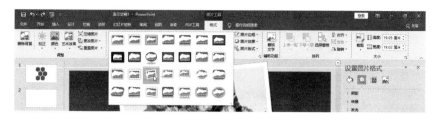

图 12-92　艺术样式

（2）自定义样式

在"图片工具"—"图片样式"选项卡中，单击图片的边框、效果、版式等按钮，打开下拉菜单，进行样式的自定义设置。

图 12-93　自定义设置

12.2.3 文本框设置

文本框设置常用的操作包括对文本框中文字的设置、边框底纹设置及样式设置。

1. 字体设置

对文本框中的文字进行字体设置时，一定要先选择文本再操作。

方法一：选择文本，单击菜单栏"开始"—"字体"选项卡，进行字体颜色、大小等设置。

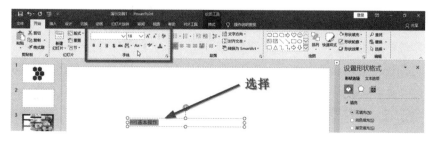

图 12-94　设置字体

方法二：选择文本后，右击自动跳出的快捷菜单设置字体。

图 12-95　右击字体设置

方法三：

第一步，选择文本，在选择区域右击弹出快捷菜单，单击"字体"，打开字体设置窗口。

图 12-96　右击菜单设置字体

第二步，在窗口中设置需要的字体格式。

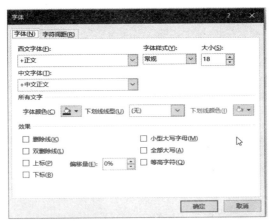

图 12-97　字体窗口

2.边框和底纹设置

边框指的是文本框的框线，底纹指文本框的填充。当两项都选择"无"时，文本框只留下文本，不再显示框线，底部颜色变为透明色。

方法一：单击选择文本框，在菜单栏的"绘图工具"—"格式"选项卡中选择预定义样式。

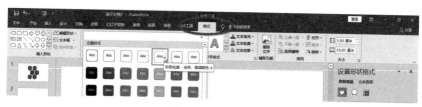

图 12-98　格式

方法二：单击选择文本框，在菜单栏的"绘图工具"—"格式"选项卡中单击按钮，按要求自定义形状的填充、轮廓、效果等。

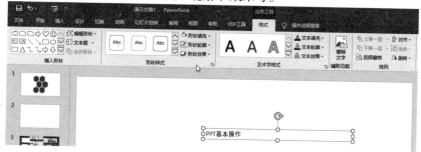

图 12-99　设置样式

方法三：

第一步，单击选择文本框，右击弹出快捷菜单，单击"设置形状格式"，打开设置窗口。

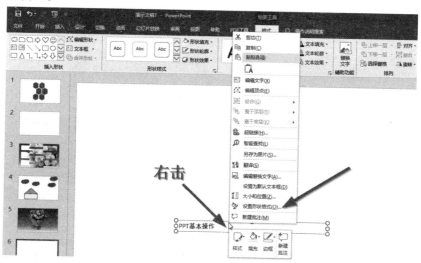

图 12-100　设置形状格式

第二步，在设置形状格式窗口单击各选项，打开下拉菜单设置。

图 12-101　格式设置

3. 文本框与艺术字

艺术字可以用艺术字插入的操作来完成。如果最初设置的是文本框，文本框中的文字也可转换成艺术字。

方法一：单击文本框，在"绘图工具"—"艺术字样式"中进行预定义艺术字转化。

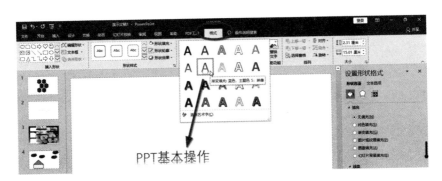

图 12-102　文本转艺术字

方法二：单击文本框，在"绘图工具"—"格式"—"艺术字样式"中自定义艺术字样式。

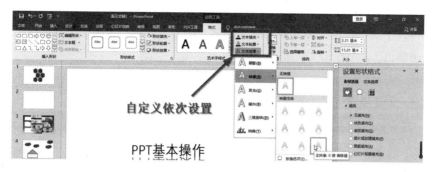

图 12-103　自定义设置

12.2.4 形状设置

插图类项目插入后，单击选择，在"绘图工具"的"格式"菜单下操作，平面图形也可以转变为立体图形、文本框等。

平面图形与 3D 图形的区别是形状效果，用户可通过阴影、发光、棱台等将平面图形变为立体图形。

第一步，插入一个基础平面形状。

图 12-104　插入形状

第二步，形状插入菜单栏直接跳转到"绘图工具"—"格式"菜单，单击"形状样式"选项卡中的"形状效果"，打开下拉菜单。

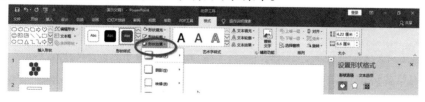

图 12-105　设置立体效果

第三步，鼠标指向"棱台"打开下级菜单，其有预定义样式，用户可直接单击选择。下面以自定义为例继续向下设置，在下级菜单中单击"三维选项"，打开设置窗口。

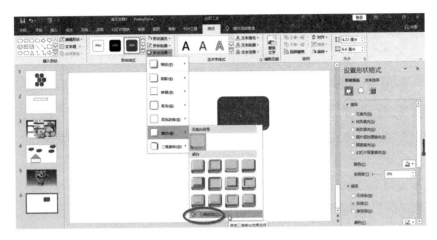

图 12-106　三维选项

第四步，打开"三维格式"窗口，依次设置项目参数。本例选择的是"顶部棱台"基础效果，更改宽度为"30 磅"，高度为"20 磅"，曲面图用 1 磅的"浅绿色"，材料为"金属光泽"。

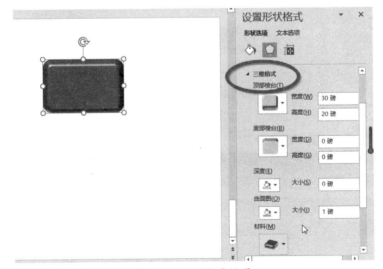

图 12-107　设置效果

12.2.5 表格设置

表格插入方法在前面已做了介绍。插入表格后，用户可以单击表格打开"表格工具"。此菜单有两个二级菜单，分别是格式和布局。

1.格式设置

格式设置可以对表格样式进行快速设置，也可实现合并单元格、设置框线等操作。

（1）样式设置

第一步，单击需要设置样式的表格，在"表格工具"—"表格样式"选项中，单击预定义样式旁边的向下三角，打开下拉菜单。

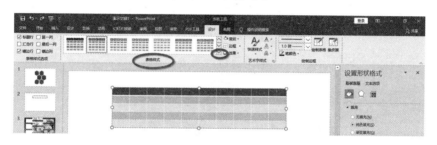

图 12-108　设置表格样式

第二步，此时"表格样式"选项卡预设窗口中按用户要求展示样式的预览，用户可以单击预设样式更改表格样式，也可通过后方按钮对样式进行自定义设置。

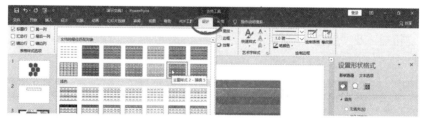

图 12-109　选择样式

（2）单元格边线及合并操作

选择表格后，单击"绘制边框"选项卡中的边框窗口，设置边线的样式及粗细，也可通过手动擦除边线合并单元格。需要注意的是，如果用户不设置边线，表格默认为无边线表格，用户看到的白色线条是"布局"中为方便操作而设置的"查看边线"页面。

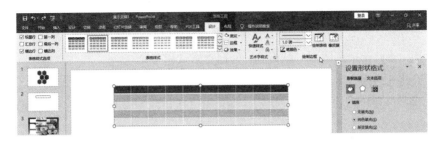

图 12-110　设置边线

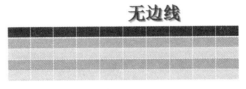

图 12-111　　无边线

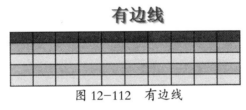

图 12-112　　有边线

（3）设置边框方法

第一步，单击选择表格，在"表格工具"—"绘制边框"菜单中，设置边框的"线型""粗细"及"颜色"。

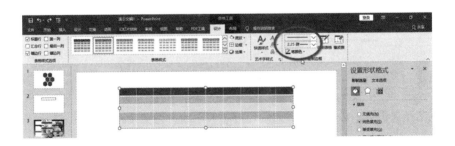

图 12-113　设置边框

第二步，设置完成后，光标变为铅笔形状，可在表格勾画出边框，也可单击"表格工具"—"表格样式"选项卡中的"边框"，打开下拉菜单，单击选择合适的边框。

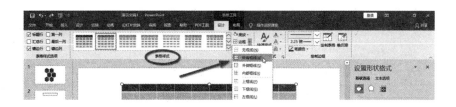

图 12-114　选择边框

2. 布局设置

单击"布局"选项卡，通过行和列、合并、单元格大小等选项卡设置表格。

（1）合并单元格

合并单元格除了在"格式"菜单中手动设置外，也可在此快速设置，方法如下。

第一步，按住鼠标左键，拖动选择需要合并的两个或两个以上的相邻单元格。

图 12-115　选择单元格

第二步，单击"布局"，在"合并"选项卡中单击选择"合并单元格"，几个单元格合并为一个。

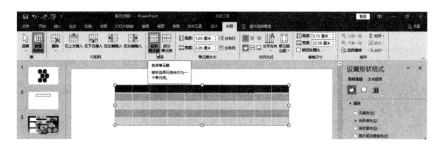

图 12-116　合并

（2）行高和列宽

在表格中，行高和列宽是整体调节的，用户不能独立操作单元格调节大小。

方法一：单击需要改变行高 / 列宽的单元格，在"布局"—"单元格大小"

编辑框中输入数字，改变单元格的行高 / 列宽。

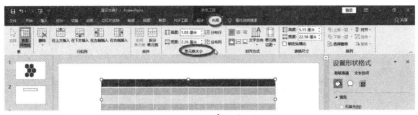

图 12-117　单元格大小

方法二：鼠标指向单元格内框线，光标变为双向箭头，按住鼠标左键，左右拖动，手动改变行高 / 列宽。

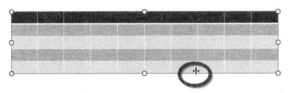

图 12-118　拖动调节

方法三：表格插入后，经过一些操作，单元格高 / 宽的尺度不一，此时如果依次设置或拖动太麻烦，用户可以单击"布局"—"单元格大小"中的"分布行""分布列"按钮平均分布行 / 列。

图 12-119　平均分布

12.2.6 媒体设置

将媒体类文件插入幻灯片，用户可单击选择媒体文件，通过"工具"菜单设置，"格式"设置方法与其他项目设置相同。本节主要介绍媒体的播放设置。

1. 视频

（1）预览

视频类文件插入后，可以通过单击预览，或者菜单栏"视频工具"—"播放"设置选项卡中的"播放"预览。

图 12-120　预览

（2）剪辑

第一步，打开"视频工具"—"播放"—"编辑"选项卡，单击"剪裁视频"，打开剪裁视频窗口。

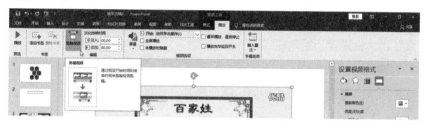

图 12-121　剪辑

第二步，设置开始及结束时间，截取所需的视频。

图 12-122　截取

（3）播放方式

打开"视频工具"—"播放"—"视频选项"选项卡，单击"开始"设置选项，打开下拉菜单，选择视频播放开始方式。"自动"指幻灯片页打开后视频自动播放；"单击时"指单击视频后视频开始播放；"按照单击顺序"指播放到该页时，用户用翻页笔或者鼠标单击即可播放，不需要在视频处单击。

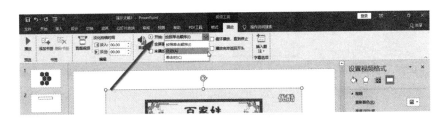

图 12-123　设置播放方式

除开始位置之外，用户也可在此选项卡中通过选择"全屏播放"设置视频播放器大小，也可选择"未播放时隐藏"来隐藏视频播放器。同时，可以选择"循环播放"将文件设置为循环模式。

2. 音频

音频设置方法与视频基本相同，除此之外，还可进行以下操作。

（1）背景音乐

背景音乐指幻灯片播放过程中始终播放的音乐。

单击打开"音频工具"—"播放"菜单，在"音频样式"选项卡中单击"在后台播放"，幻灯片放映过程中则作为背景音乐播放。

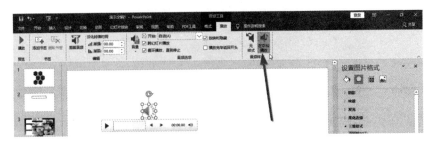

图 12-124　后台播放

（2）隐藏图标

音频插放后，默认为一个小喇叭形状，用户如果不希望看到小喇叭，特别是作为背景音乐播放，需要隐藏小喇叭时，可将其隐藏起来。

图 12-125　隐藏图标

单击打开"音频工具"—"播放"菜单，单击选择"播放选项"中的"放映时隐藏"，则在幻灯片放映过程中图标被隐藏起来。

图 12-126　设置隐藏

12.3 PPT 演示文稿的组成

一般情况下，一份完美的演示文稿要有基础文案及设计元素，常见的 PPT 框架一般由封面、目录、过渡、正文、结束页等组成，一定要逻辑清晰，给读者以流畅感。

12.3.1 封面设计

封面是演示文稿的门面，最先入读者的眼睛。所以，用户在设计演示文稿时，封面要反映演示文稿的基本格调、设计人的审美等多种因素。

1. 图片背景封面

此封面适合主题文字较少的演示文稿，因为文字不能占据太多位置，如果单独出现，则会显得小气。所以，用户可以先插入一张相关图片作为背景，再插入文字，这样会使封面更加舒适、美观。需要注意的是，选择的图片一定要贴合文本及演示文稿的主题。

（1）以图衬文

用户利用插入的图片作为演示文稿的主题，将文本置于图片背景相对简单的区域。此封面中，读者最先看到的是图，然后是文字。

图 12-127　以图衬文

（2）图为背景

将文本放于图片正中间，以图片为背景，重点突出文本。用户也可在文本四周加上一些点缀。此封面中，读者最先注意的是文本，不会将太多精力放于图片。

图 12-128　图文背景

（3）图文并重

一般用于较正式的演示文稿中，如述职报告、企划书等。图片与文本的关系是图配文，此类图片可能与内容不太相关，用户只需找到与公务、合作、沟通、工作等相关的图片即可。简单来说，此类封面不在于视觉冲击，而是要严肃、正式，且不失格调。

图 12-129　图文并重

2. 插图式封面

此类封面适合于主题文本字数较多的演示文稿，插入的图片不作为背景图，而是将图片作为插入项目，与文本结合在一起，平衡视觉。

图 12-130　插图式封面

3. 其他封面

在实际应用中，还有一些封面用户也可借鉴，如带文本主题的图片、主页只插入一些简单的形状做简单构图等。

图 12-131　简单封面

12.3.2 目录页编辑

目录页一般是主页后的第二张幻灯片，它的主要特点是概括整个幻灯片的章节，使读者对演示文稿内容一目了然。

1. 目录页设计

目录页设计较为自由，如果用户不使用模板，可以设计一些带结构的目录，如横向排列、竖向排列、自由排列等。

图 12-132　　目录页

2. 目录链接

用户设计好目录后，可以直接制作下一页，此时目录页为纯目录无链接，也就是说，此页设计只包含幻灯片各章节的内容，而无法以此目录通向详细内容的幻灯片处。其实，在实际应用中，为了方便使用，很多设计者将目录页设置成链接，方便幻灯片之间的转换。

方法一：

第一步，单击章节项目，在菜单栏中单击打开"插入"菜单，单击"链接"选项卡中的"链接"，打开"插入超链接"窗口。

图 12-133　　插入链接

第二步，在设置窗口单击左侧"本文档中的位置"，打开右侧内容选择框，此时单击需要链接到的幻灯片后单击"确定"，超链接设置完成。

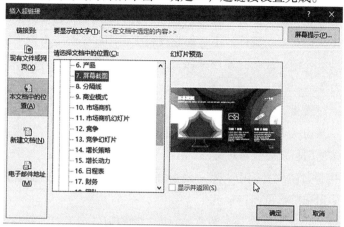

图 12-134　选择幻灯片

方法二：单击章节项目，右击打开快捷菜单，选择"超链接"，单击打开"插入超链接"窗口，然后按方法一的第二步具体操作即可。

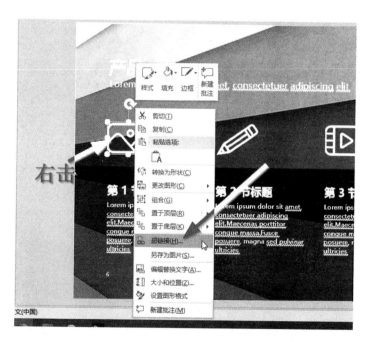

图 12-135　右击设置

建议：（1）超链接链接的幻灯片最好链接到"过渡页"。（2）用户在目录页设置了超链接，在内容页每个章节的结束时最好也设置"返回"超链接。

12.3.3 过渡页及正文制作

过渡页属于正文的一部分。在逻辑较强的演示文稿中，过渡页会让文稿结构更加严谨。正文是文案的载体，不过不建议将文案中的全部文本置于幻灯片，演示文稿是辅助类介绍，放映时使用，如果文字较多，反而让人有烦琐的感觉，影响主讲人的发挥。

1. 章节点过渡页

过渡页一般分为两种：一种是每个方面的内容前用一张幻灯片提示章节点，另一种是直接使用目录页代替过渡。

目录页代替过渡的文稿中，用户要在每节内容的最后一页设置好链接，章节内容完成后使用超链接返回目录页。

独立设计的过渡页就像每个章节的封面，用户可以参考封面制作设计此类过渡页。

图 12-136　过渡页

2. 正文

正文的设计方法很多，可以是提纲类，也可以是纯文本类，还可以是图文类等。

（1）提纲类

此类正文页设计适合教育培训等以主讲人讲解为主的演示文稿，设计过程中只需抓住内容要点，不用过多的文本赘述。

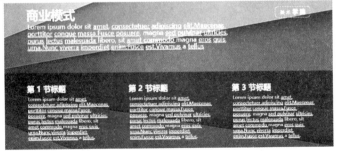

图 12-137　提纲类

（2）文本类

此类正文页设计适合公司报告类文案，有些计划文本需要全页展示才会更加详尽。

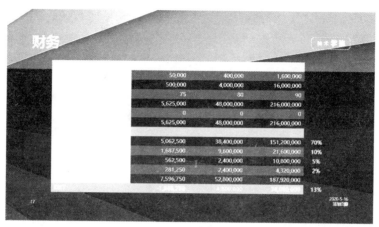

图 12-138　文本类

（3）图文类

此类正文页设计图文结合，应用较为广泛，图表、形状等操作会让幻灯片变得更加丰富。

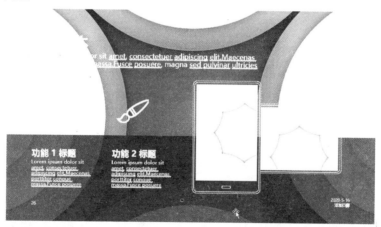

图 12-139　图文类

12.3.4　结束页制作

结束页是一套演示文稿的结尾部分，一般以感谢语或者总结性语言为主。

1.总结类

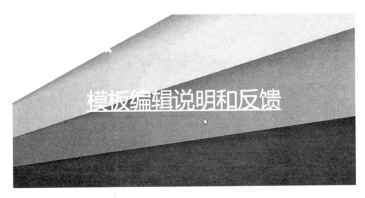

图 12-140 总结类

2.感谢类

图 12-141 感谢类

3.混合类

图 12-142 混合类

第十三章

PPT 动画及放映

　　PPT 之所以给人深刻的印象和视觉的震撼，除了项目及设计的精彩外，不得不提的是 PPT 特有的动画及放映设置。用户可以用 PPT 提供的动画将演示报告"演"出来，同时通过放映将其展现在读者面前，吸引读者的视线。

13.1 生动的 PPT 动画

PPT 动画效果是演示文稿的点睛之笔。当用户将幻灯片项目整理好后，为了让画面更加生动，便可将项目设置成动画效果。

13.1.1 什么是 PPT 动画

PPT 动画是使幻灯片放映时动起来的手段。PPT 加入动画元素后，可以呈现出视频播放的效果。一般情况下，动画效果设置分为两类，即单项目动画和页面切换动画。

1. 单项目动画

单项目动画，即将幻灯片中的项目设置上动态效果。这种类型的动画效果很丰富，可以将项目的进入、强调、退场及路径做成动态效果。

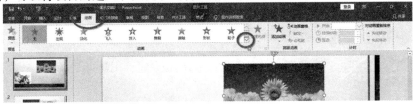

图 13-1　动画效果

（1）进入

进入动画指的是放映过程中，项目并未与幻灯片一起出场，而是通过动画效果依次出场。比如"百叶窗"效果，指的是项目出场时以"百叶窗"的动态打开。进入动画中有很多类型："基本"类型是比较中等的动态效果，也是最常用的；"细微"动态效果不明显，适合公务类演示文稿；"温和"与"细微"大致相同，只是效果动态过程较慢；与之不同的"华丽"，则是很夸张的动态，特别适合用于教育培训类课件。

图 13-2　进入基本效果

单击"动画"下拉菜单的"更多进入效果"，便可打开更多的效果。单击选择一个动画效果，幻灯片此项目则被预览播放。

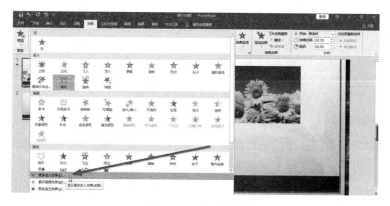

图 13-3　打开更多

（2）强调

强调动画是指播放过程中将项目再次突出的动态效果。一般情况下，用户可以将"进入""强调"配合起来使用，再次强调此项目；也可不加"进入"效果，单独使用"强调"，突出项目显示。此动画类型与"进入"动画一样，分为四种类型："基本""细微""温和"和"华丽"。

图 13-4　强调基本效果

图 13-5　强调效果

（3）退出

退出动画是指在放映过程中，将"在场"的项目从"场"上消失，起到项目过渡的作用。此动画类型同样分为"基本""细微""温和"和"华丽"四种。

图 13-6　退出基本效果

（4）路径

路径动画是指用户先给项目设置一个路径，然后让项目按路径运动的动态效果。简单来说，就是用户先画一条路，项目在路上跑。设置路径的方法有两种，一种是绘制路径，另一种是预定义路径。需要注意的是，路径动画虽然可以做出很多丰富的效果，但是一张幻灯片上如果路径动画设置太多，会给人以杂乱感，用户可适当选择。

第一步，选择需要设置的项目，单击"动画"，打开下拉菜单，在最下方的"其他动作路径"上单击，进入动作路径设置菜单。

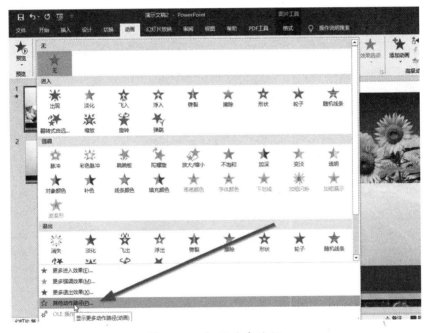

图 13-7　打开更多路径

第二步，在"更改动作路径"中单击选择路径，可以看到幻灯片中此项目动画效果的预览。

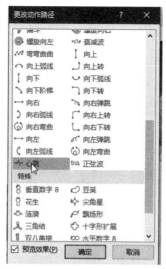

图 13-8　更多路径

第三步，选择路径后单击"确认"完成设置，幻灯片上出现此项目的动作路径。用户需要注意，正式放映的时候这种路径线不会出现，只播放动画。

图 13-9　路径

单个项目的动画插入后，如果用户不加入其他设置，幻灯片默认为按动画的角标顺序"单击"播放。

图 13-10　动画角标

如果用户觉得不满意，也可通过"动画"—"高级动画"—"计时"进行设置调整。

方法一：选择需要设置动画的项目，在菜单栏"动画"—"动画"中设置好动画，在"计时"选项卡中设置动画时长、声音及顺序等。

图 13-11　设置计时

方法二：调整各项目动画的设置，通过单击"动画"—"高级动画"—"动画窗格"，打开动画编辑窗口进行顺序调整。

图 13-12　动画窗格

2. 页面切换动画

页面切换动画是指每张幻灯片切换时的动画。

第一步，在菜单栏"切换"选项卡的"切换到此幻灯片"中单击选择合适的动画效果，并通过"计时"设置声音及切换时长等。

图 13-13　设置切换效果

第二步，幻灯片添加了切换动画效果后，左上角会出现星标。其余幻灯片的切换动画用户可以照第一步方法添加。如果此文稿的幻灯片都用同一种切换方式，设置完成效果后，单击"切换"—"计时"—"应用到全部"，此时文稿的所有幻灯片切换效果就被统一起来。

图 13-14　切换效果

13.1.2 动画添加及设置实战

通过上一节的学习，我们对动画效果已有初步了解，本节就常见项目的动画效果设置进行详细介绍。

1. 文本框动画设置

第一步，选中需要做动画效果的文本，在菜单栏"动画"菜单中单击选择一个动画效果。

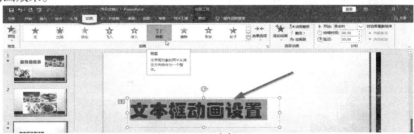

图 13-15　选择项目

第二步，单击"效果选项"，选择需要的动画方法，进一步设置动画。

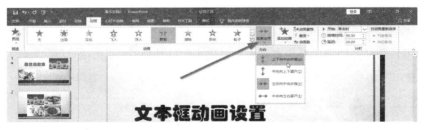

图 13-16　设置动画效果

第三步，完成后单击"动画刷"，"刷"需要设置动画的项目，可将动画效果添加到此项目中去。

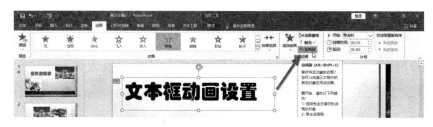

图 13-17 动画刷

2.图片动画

第一步，单击图片项目，打开菜单栏的"动画"选项卡，设置图片动画效果。

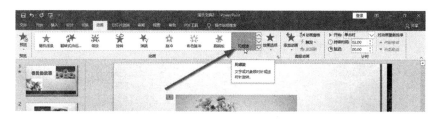

图 13-18 图片动画效果

第二步，单击"效果选项"，设置动画效果。

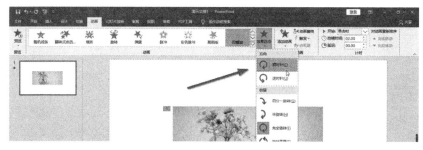

图 13-19 效果选项

13.2 PPT 的演示

项目动画及切换设置完成后，可以进入幻灯片放映阶段。幻灯片的放映，是
PPT 演示文稿的完成展示。用户可以用鼠标、翻页笔、遥控等操作完成，也可经
排练设置后，完成演示文稿的自动播放。

13.2.1 放映方式

幻灯片放映在经过多种设置后不断完善。用户可以设置放映类型、是否循环、
放映起始点等。

1. 幻灯片放映方式

幻灯片的放映方式常用的是"从头开始""从当前页开始"。

方法一：在演示文稿编辑状态，单击"幻灯片放映"，打开菜单单击各按钮。

图 13-20 幻灯片放映

方法二：右下角单击"放映"图标后，默认从头播放。

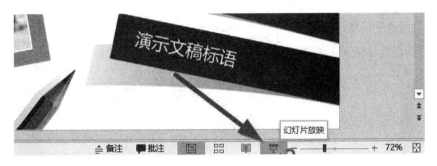

图 13-21 从头开始

方法三：单击演示文稿标题栏左侧"放映"图标开始放映，默认由首页开始。

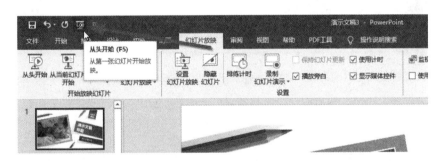

图 13-22 从头开始

方法四：敲击键盘的功能键"F5"从首页开始放映，"Shift+F5"是从当前页开始播放。

幻灯片在放映过程中，用户可以随时单击"ESC"键退出放映，也可在"演示者放映"类型中，在幻灯片上右击弹出快捷菜单，选择"结束放映"关闭当前放映文稿。

图 13-23　结束放映

2. 幻灯片类型

幻灯片的放映类型有三种，分别为演示者放映、观众自行浏览、在展台浏览。三种放映类型的播放方式各有不同，一般情况下，默认为演示者放映。此时幻灯片为全屏，演示文稿可以手动播放，也可以自动播放。在展台浏览时，用户不可以播放。

图 13-24　观众浏览界面

第一步，打开菜单栏的"幻灯片放映"菜单，单击"设置幻灯片放映"选项卡，打开设置窗口。

图 13-25　设置幻灯片放映

第二步，在设置窗口单击选择放映类型，点击"确定"即可完成放映类型的设置。

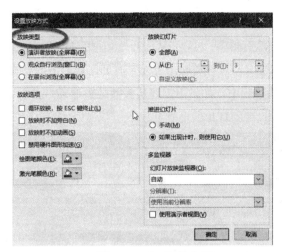

图 13-26　放映类型

3. 自动循环播放

有些类型的演示文稿如广告片、相册等，需要在重新设置的情况下自动循环播放。用户可以通过以下方式自动循环设置：单击"幻灯片放映"—"设置幻灯片放映"，打开"设置放映方式"窗口，在窗口中单击选择"循环播放，按 ESC 键终止"。此时，幻灯片播放完最后一页后，自动跳转到第一页。需要注意的是，幻灯片的自动播放，如果经过排练（下一节介绍）后，可以自动播放；如果未经排练，还是需要用户操作播放，最后一页完成后不会跳到结束页，而是第一页。

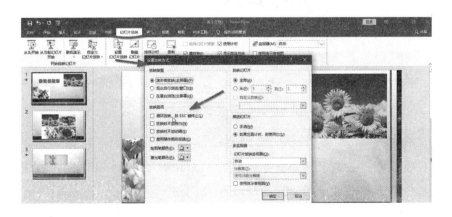

图 13-27　放映选项

除此之外，此窗口还可设置播放是否播旁白、是否加动画以及播放页数等，也可设置播放时需要用到的绘图笔色彩、激光笔色彩等。

4. 幻灯片放映

幻灯片放映的方法有很多，可以"从头开始"，也可以"从当前幻灯片开始"，还可以自动设置选取部分幻灯片放映。首先来看如何截取需要放映的幻灯片。

演示文稿在放映过程中，如果不需要从头播放整册幻灯片，可以选择"从当前幻灯片开始"或者设置幻灯片的播放页数。

图 13-28　当前页播放

图 13-29　设置放映幻灯片

13.2.2 预排演示

一般情况下，PPT 作为辅助演示报告，在放映中常用"单击"进行播放操作。但在某些情况下，如果需要 PPT 自动播放，就要进行"排练"，通过设置排练时间设置幻灯片项目的进退及切换。

方法一：

第一步，单击菜单栏的"幻灯片放映"—"设置"—"排练计时"，打开计时器计时。

图 13-30　排练计时

第二步，计时器将记录演示者手动操作鼠标切换项目及幻灯片的时长，建立播放时长记录。

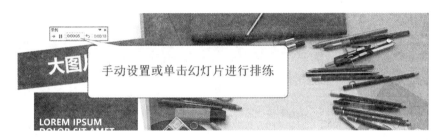

图 13-31　排练

第三步，排练结束后，跳出选择窗口，单击"是"确定排练时长，"否"则时间不保留。

图 13-32　对话框

方法二：选择幻灯片 1 后，菜单栏中单击"切换"打开切换菜单，在"计时"选项中进行设置，取消"单击鼠标时"前的选择，将"设置自动换片时间"按所需时间调整，也可设置切换时长。设置完成后，预览，如果觉得可以进行下一张的设置，也可单击"应用到全部"，将此设置应用到整个演示文稿。

图 13-33 计时设置

13.2.3 简单电子相册的制作

本节进行实战练习，利用 PPT 做一本电子相册，保存宝宝、情侣、风景等有意义的照片，还可设置动画放映，做得更为精美。

第一步，单击菜单栏的"插入"，打开插入菜单，在"图像"选项卡中单击"相册"，打开下拉菜单，选择"新建相册"，打开"相册"窗口。

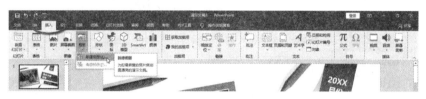

图 13-34 新建相册

第二步，在"相册"窗口中单击"文件/磁盘"，打开电脑磁盘，之后打开需要做电子相册的照片文件夹，选择合适照片后单击"插入"，即可插入"相册"窗口。如果相册需要插入某些标题类型，可以单击"新建文本框"按钮。

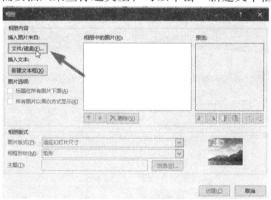

图 13-35 选择图片

第三步，通过"相册中的图片"窗口下方的方向箭头调整照片顺序，单击"图片版式"选择合适的版式，再单击"相框形状"打开磁盘窗口添加相框。如果需要添加幻灯片的主题，单击"主题"后方的"浏览"，可以看到磁盘中已存的主题，单击选择即可。设置完成后，单击"创建"，则可创建一册电子相册。

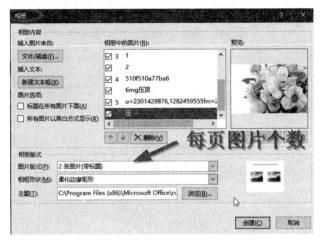

图 13-36　设置版式

第四步，创建完成后，此幻灯片未添加任何项目动画和切换动画效果，用户可以逐项设置，也可设置好一个后，用"动画刷"刷出相同的效果。

图 13-37　动画刷

第五步，选择幻灯片1，单击打开菜单栏的"切换"菜单，单击选择切换动作后，在"计时"选项卡中设置好"持续时间""设置自动换片时间"等，单击"应用到全部"。

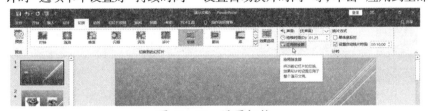

图 13-38　设置切换

第六步，完成"切换"设置，单击菜单栏的"幻灯片放映"菜单，在"设置"菜单中单击"设置幻灯片放映"，打开"设置放映方式"窗口，单击"放映选项"中的"循环放映，按 ESC 键终止"，设置完成。用户可以单击"幻灯片放映"检验项目效果。

图 13-39 设置循环

13.3 PPT 的打包与打印

在 PPT 中,一般情况下,音频、视频等可能会出现播放不出的现象,那是因为 PPT 文稿完成后,没有与音/视频等打包处理,以致在其他电脑播放时,音/视频找不到链接而无法播放。所以,PPT 完成之后,最好打包处理,保证 PPT 的正常放映。

13.3.1 PPT 的打包方法

PPT 打包,是指将 PPT 中的所有元素打起包来,将链接、创建项目等打成一个包,保证此演示文稿能在大多数电脑上播放。

第一步,完成演示文稿后,单击打开"文件"菜单,选择"导出"单击,打开下级菜单,单击"将演示文稿打包成 CD",打开打包窗口后,单击"打包成 CD"。

图 13-40 打包文件

第二步,在创建窗口中,单击"将CD命名为"编辑栏填写名称。完成后,单击"复制到文件夹",打开"选择位置"窗口,选择需要建立打包文件的地点,单击"选择"确定保存位置。如果需要直接添加到 CD,可以单击"复制到"添加位置。

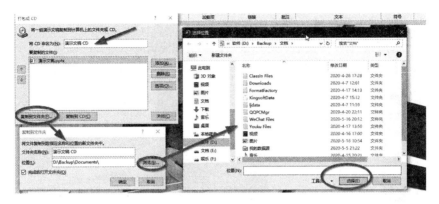

图 13-41　打包流程

第三步，在"复制到文件夹"窗口单击"确定"后，文件开始自动打包。打包完成后，形成以刚才文件夹命名的打包文件，用户需要时，直接打开打包文件中的演示文稿，则不会出现无法播放的情况。

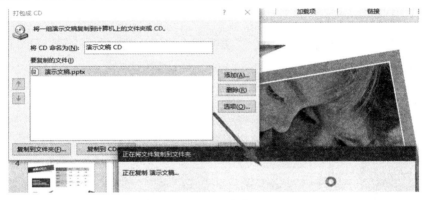

图 13-42　工作中……

图 13-43　打包完成

13.3.2 PPT 打印方法

PPT 打印是指以页面形式打印纸质稿。用户编辑完成后，可以单击菜单栏中的"文件"，打开文件菜单，找到"打印"单击确定，右侧打开设置及预览窗口。

图 13-44　打印

1. 设置打印区域

单击设置下方的"打印全部区域"选项卡，打开下拉菜单，选择需要打印的区域。

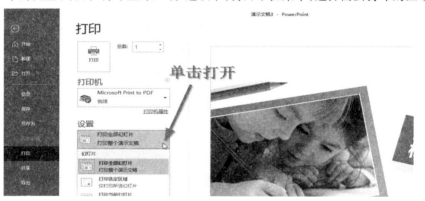

图 13-45　设置打印内容

"打印全部幻灯片"是指将当前演示文稿中的全部幻灯片打印出来；"打印选定区域"是指只打印选择的幻灯片；"打印当前幻灯片"是指打印在预览区的幻灯片。"自定义"是指用户可以自由选择，只需在下方编辑栏填写幻灯片编号即可。

2. 打印版式

打印版式指的是打印到纸上的排版，用户可以整张打印，也可将很多幻灯片排版到一张纸上打印。

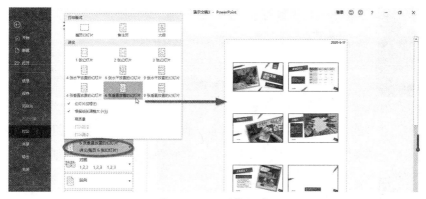

图 13-46　预览版式

3. 纸张方向和打印颜色

对于这两项设置并不陌生，很多软件文档在打印出稿前都会设置，用户只需单击后方小三角形，即可打开预定设置，再次单击确定即可。

图 13-47　设置打印色彩

13.4 PPT 的输出

PPT 除了可以打包导出外，用户还可将其制作成视频，或者直接导出为图片、PDF 文件等。

13.4.1 以图片导出

PPT 彩色单页打印，可打印出一张张彩色的单页，还可通过以下操作将 PPT 变为图片保存或者应用到其他程序中。

第一步，打开"文件"菜单，单击"另存为"，打开"另存为"窗口，单击"这台电脑"，打开"另存为"窗口，选择合适的保存路径。

图 13-48　另存为

第二步，在"另存为"窗口中，单击"保存类型"后方的小三角，打开类型下拉菜单，选择保存为图片类型的文件后，单击"保存"，弹出问询对话框。

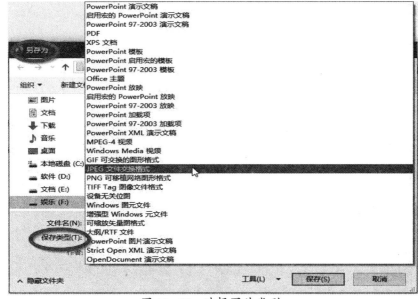

图 13-49　选择图片类型

第三步，在问询对话框中选择需要导出的幻灯片，选择"所有幻灯片"则全部导出为图片格式，选择"仅当前幻灯片"则只打印当前的幻灯片。

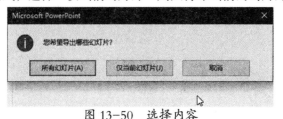

图 13-50　选择内容

13.4.2 以 GIF 动态图导出

GIF 动态图是图片中的一种。除了以上图片导出方法外，用户可以由文件菜单中的"导出"操作来实现。

第一步,单击"文件",打开文件菜单,找到"导出"选项,单击打开右侧窗口。在"导出"窗口中单击选择"创建动态 GIF",打开右侧创建窗格。

图 13-51　导出动态 GIF

第二步,在创建窗格中单击选择导出 GIF 文件的大小和质量,设置好每张幻灯片的放映秒数后,单击"创建 GIF",即可打开"另存为"对话框,文件类型为"动态 GIF 格式",单击"保存"即可导出 GIF 动画效果。

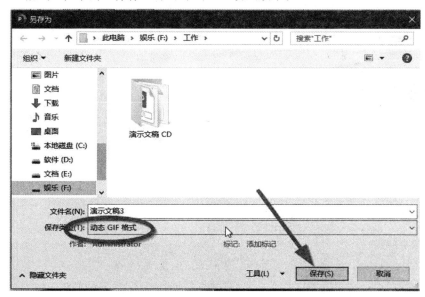

图 13-52　保存

13.4.3 导出视频文件

将 PPT 作为视频文件使用,一般是选择排练好的文稿,设置好放映时间,便可导出视频文件。除了采用图片导出时的方法外,还可用"导出"来实现。

第一步,打开"文件"菜单,单击"导出"打开右侧窗格,单击选择"创建视频",打开右侧设置窗格。

图 13-53　创建视频

第二步，在"创建视频"窗格中设置视频的大小和质量、播放类型及幻灯片放映时长，完成设置后，单击"创建视频"打开"另存为"窗口。

图 13-54　设置视频选项

第三步，在"另存为"窗口设置保存位置，单击"保存"，即可将幻灯片存储为视频文件。

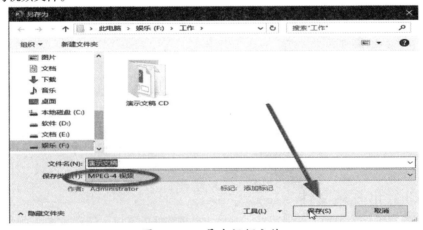

图 13-55　导出视频文件

除了以上导出类型外，用户还可依上述方法进行"另存为"或者"导出"操作，导出更多的类型。